廚房裡的備料&料理技巧全事典

照著配方煮，還是煮不出好味道？

OK＆NG對照分析，1100張實際照片超圖解，

搞懂關鍵步驟，料理零失敗！

松本仲子 監修

常常生活文創

學會正確的備料
讓每天的料理更加美味

說到完成一道料理，大家應該會先想到怎麼烤、怎麼炸之類的，其實更重要的是料理開始前的備料。就算只是將菜葉撕碎的萵苣呢？其實菠菜先切段再汆燙，也不會影響其風味及營養成分。備料不只關係到口感風味，還能節省步驟與時間。還有，絕品的鮪

整株清洗、汆燙，一株株排好後切成小段，再放進調理碗拌開，大家是否都如此處理涼拌菠菜真的非常重要。要說備料是決定料理美味的關鍵，我想也不為過。簡單卻很實用的備料與料理技巧，請大家一定要試試！

魚生魚片若是切得太薄，可能連好吃都說不上了！應該怎麼切？

沙拉，如果沒有充分瀝乾水分，口感也會大受影響。越是簡單的料理，備料就越是重要。將菠菜

松本仲子

如何使用本書

本書內容主要是烹調之際，關於食材準備的各種知識。

· 依各種食材類別，蔬菜、海鮮、肉類、蛋、豆類、豆製品等，
　詳盡介紹了清洗、切剖、泡發、汆燙、煎烤等步驟和事前準備。

· 比較備料時常見的作法和結果。標記△的作法雖然無誤，但推薦採用標記○的作法。
　此外，還透過科學新知來解說烹調時的技巧。

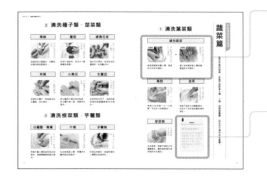

按照食材類別
以照片圖解備料的步驟
按照食材類別，附照片解說洗法、切法到加熱方式等準備動作，清楚易懂。

解說各步驟的重點與目的
從料理科學的觀點來解釋備料的目的，memo 中則介紹一些有趣的小知識。

人氣日式家常料理食譜介紹
書中介紹多種從主菜到配菜，歷久不衰的人氣日式家常菜食譜。

重點提示料理技巧
重點提示料理技巧，讓一般的日式家常菜變得更美味。

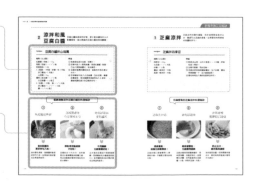

PART
1

蔬菜的
備料技巧

減少鮮味與營養流失、留住美味的秘訣，就是
仔細做好備料。學會備料的基礎，提升美味層
次吧！

Q 高麗菜切絲，不同作法差異為何？

B 垂直纖維方向切

<切法>
由於纖維被切斷了，所以口感較軟嫩。

泡水
5分鐘

OK!

柔軟
易入口

雖然看起來失去彈力，但吃起來不會乾澀。

／ 柔軟！ ＼
鮮嫩的！

A 順著纖維方向切

<切法>
由於沒有切斷粗纖維保留口感，所以吃起來較有咬勁。

泡水
5分鐘

OK!

保留
口感

因為保留纖維，所以比較爽脆。

／ 脆脆的！ ＼

保留纖維？切斷纖維？口感截然不同

蔬菜富含纖維，像高麗菜由芯往葉的方向纖維就特別明顯。

切高麗菜絲時，順著纖維方向切能保留纖維，所以吃起來較爽脆；相反地，垂直纖維方向切的話，纖維被切斷，口感就變得軟嫩了。

Q 切洋蔥，不同作法差異為何？

B 垂直纖維方向切

＜切法＞
切斷纖維使口感柔軟。

於滷汁
煮10分鐘

OK!

柔軟
易入口

降低辣度，吃起來柔軟。

／ 剛剛好的 ＼
柔軟度！

A 順著纖維方向切

＜切法＞
想要保留口感或形狀時的切法。

於滷汁
煮10分鐘

OK!

講究
視覺度

洋蔥加熱不易維持形狀⋯

／ 這樣切， ＼
就不怕煮爛！

試著搭配料理
改變食材切法

洋蔥纖維走向是由根部向上延伸。順著纖維方向的時候，先將洋蔥縱切對半，切口位置朝下再切成薄片，由於不易煮爛，因此適合煎炒或燉煮。相反地，從垂直方向切斷纖維，口感會比較軟，適合當沙拉、醃漬或濃湯材料。

切菜

使用菜刀將食材分成小份。

除了用切的，把食材分成小份有其他方式。

剁碎
連續快速剁切，利用菜刀重量切斷食材。

壓碎
用刀背輕拍，或用刀側將食材壓碎。

目的

① 去除不可食用的部位

每種蔬菜有所差異，主要是將皮、根、籽、蒂和梗等不可食部位去除。

② 統一形狀大小

配合烹調方式或食用者年紀，將食材切成相同形狀或大小。

考慮食用對象
決定作法及盛盤容器

菜切小塊可縮短加熱時間，也好入味。每種食材加熱時間不同，重點是要搭配烹調方式來調整。為讓料理完美呈現，別忘了搭配盛盤容器大小來決定切法。另外，切菜方向會改變料理口感，記得要考慮食用者年紀和身體狀態來變化。

咬勁軟硬度等口感上的差異

根據纖維走向決定切法

在蔬菜切法的徹底查證（P 10‧11）中也有提到，蔬菜纖維有一定走向。一般而言，纖維稍有硬度，順著切可在烹煮後仍維持形狀，保留脆度。不過留下纖維細絲，有些人可能會不易食用。垂直纖維方向切的話，吃起來會比較柔軟。

纖維方向形成口感差異

順著纖維切

燉菜、清湯等想保留食材形狀，或口感脆度時，就順著纖維切吧！這樣切高麗菜絲會留下纖維脆度，吃起來有咬勁。

垂直纖維切

生吃時好咬斷，或想煮到軟爛時，就會用切斷纖維的方式。由於口感柔軟，因此非常適合年長者或小孩食用。

各種食材切法的特點

牛蒡絲
類似削鉛筆的方式切

類似削鉛筆方式的切法，切斷纖維使口感變軟。

細薑絲
要順著纖維切

先順著纖維方向切薄片，再切成像針般的細絲。

斜切白菜片
要切斷纖維

纖維粗硬部位不易食用，斜切就可將纖維切斷。

1 清洗葉菜類

綠色蔬菜

STEP1 將根部浸在水中充分清洗

» STEP2 將葉片浸在水中擺動漂洗

根部易殘留灰塵土壤，要浸在水中充分清洗。

葉片也可能附著土壤或蟲，要浸在水中漂洗。

萵苣

用流水一片一片仔細清洗

將葉片從外側一片一片剝開，在流水下仔細搓洗。

韭菜

葉子浸水漂洗，靠近根部搓洗

將葉子浸在水中擺動漂洗，於流水下充分搓洗靠近根的部位。

芽菜類

切掉根部浸水漂洗

切去根部，將葉子浸在水中擺動漂洗，靠近根的部位也用相同方式清洗。

📎
memo

清洗的目的為何？

清洗蔬菜的目的是將附著表面的灰塵、小蟲或殘留農藥去除。有些種類還會加入鹽巴清洗，選擇適合食材的洗菜方式吧！

種在外面的蔬菜，表面可能附著土壤、小蟲，或殘留農藥，因此充分清洗非常重要。

2 清洗種子類・莖菜類

| 青椒 | 番茄 | 綠青花菜 |

用流水清洗表面
內部

表面用布巾類擦洗,切開去
籽後內部也要清洗。

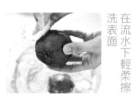

在流水下輕柔擦
洗表面

用布巾或紗布,在流水下輕
輕擦洗表面。

浸水漂洗 & 泡
一下鹽水

浸水充分漂洗。也可先泡在
濃度約 1%的鹽水中。

| 秋葵 | 小黃瓜 | 生蠶豆 |

抹上鹽巴搓洗

表面抹上鹽巴,搓掉細毛和
灰塵後,沖水清洗。

先抹鹽巴滾一滾
再洗

將沾濕的小黃瓜放在砧板,
抹上鹽巴滾一滾,然後沖水
清洗。

從豆莢取出豆子
充分清洗

從豆莢取出豆子,去除附著
表面的粗硬纖維後充分清
洗。

3 清洗根菜類・芋薯類

| 白蘿蔔・蕪菁 | 牛蒡 | 芋薯類 |

在流水下搓洗
& 浸水漂洗

附著大量土壤的話用菜瓜布
搓洗,莖葉間縫隙則浸水漂
洗。

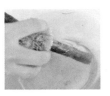

使用菜瓜布搓洗

先洗掉表面土壤,再邊沖水
邊用菜瓜布搓洗。

在流水下充分搓
洗

用菜瓜布搓洗。表面附著的
土壤要先去掉再洗。

蔬菜篇

根據不同種類或用途，有時去除厚皮、有時去除薄皮，或是先過滾水再去皮。

1 去除厚皮

里芋

削法 1
用轉動的方式削皮

利用刀子根部，邊轉動里芋邊削皮。皮在乾燥狀態下會較好操作。

»

削法 2
切去兩端分成 5～6 次削皮

切去兩端，從切口處起刀，縱向分成 5～6 面削皮。

馬鈴薯

挖掉發芽部位

含有毒性生物鹼的馬鈴薯芽，要用刀子根部挖除。

南瓜

稍微削去表面不平整處

南瓜皮厚，所以不拿在手上削，放在砧板上削去表面不平整處。

白蘿蔔

配合料理用量，切下再削

白蘿蔔形狀粗長，先切下使用量的長度，再削去厚皮。

蕪菁

從尾端朝梗頭，縱向削皮

從尾端朝梗頭縱向削皮的話，就能削得好看。以轉動的方式削皮也可以。

2 去除薄皮

牛蒡

刮除使用刀背輕輕

牛蒡表皮有特殊風味,不須削除,以刀背輕刮即可。

紅蘿蔔

STEP1

切掉蒂頭

»

從蒂頭算起約 1cm 左右要切掉。

STEP2

從蒂頭往尾端削

使用削皮器即可簡單完成。從蒂頭往尾端方向就能輕鬆削除。

蘆筍

STEP1

切掉靠近根的部位

蘆筍靠近根側纖維通常較粗,會切掉 1 ～ 2cm。

»

STEP2

削去粗硬部位

靠近根的部分較硬,使用削皮器削去根側 4 ～ 5cm 處的皮。

»

STEP3

削去葉鞘

為讓口感更好,要削去莖上三角形的葉鞘。

3 過滾水後去皮

番茄

STEP1

挖掉蒂頭,表面劃刀

利用菜刀尖端挖掉蒂頭,相反側劃上淺十字刀痕。

»

STEP2

放入滾水

將鍋中熱水煮沸放入番茄,表皮開始皺起時,即可用網杓取出。

»

STEP3

浸在冰水剝皮

把番茄浸在備好的冰水,從十字切口處就能將皮剝除。

蔬菜篇

蔬菜口感會隨著切的尺寸大小、直切橫切等而有所改變。

切丁

先將食材切成 1cm 厚片→
然後切成 1cm 寬的細條→
再切成 1cm 正方的骰子形。

切條

將食材切成：長 5～6cm、
寬 1cm、厚 1cm 的大小。

斜削薄片

有厚度的食材會用斜削方式
切薄，縮短加熱時間。

切長方片

將食材切成：長 5～6cm、
寬 1cm、厚 2～3mm 的大
小。

切輪片

將切口為圓形的食材一端切片，配合料理改變厚度。

切成半月片

將切口為圓形的食材縱切對半（半月形），再切片。也可先切成圓片再切半。

切成扇片

將切口為圓形的食材縱切成四等份，再切片。也可先切成圓片再切成四等份。

切斜片

將食材斜切，搭配料理有時會先縱切對半再斜切。

滾刀塊

朝自己滾動食材、斜向入刀將食材切成不規則形。

切塊

搭配料理將食材切成適當大小，形狀不拘。

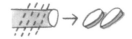

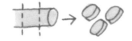

切薄

切薄①洋蔥等

將洋蔥切半,切口朝下擺放切薄。

切薄②茄子等

切掉蒂頭再切片,切好馬上浸水。

斜切薄片

將食材斜切成薄片,斜向會切斷纖維,比起縱切口感會更軟。

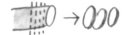

memo

為什麼有些蔬菜切好要浸水?

蔬菜切好後,有的直接使用,有的則要浸水。浸水的目的依食材或用途不同,像牛蒡或馬鈴薯是為了防止變色;沙拉用萵苣或高麗菜則是為了讓口感更好,而洋蔥及蔥類浸水能降低刺激味。

切方塊(2～3cm)

將食材切成邊長2～3cm的立方形,比一般切丁來得大些。

切小丁(6～8mm)

將食材切成6～8mm的立方形,比一般切丁的骰子形更小。

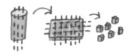

切細

切細條①青椒等

將食材切成寬約 3mm 細條，粗細介於切條與切絲之間。

切細條②牛蒡等

牛蒡等有厚度的食材，可先切成約 3mm 厚片再切細。

切成果瓣形

圓球形食材縱切對半後，將切口朝上或朝下，從中央以放射狀切成幾等份。

切絲

切絲①高麗菜等

切得比細條更細，順著纖維方向切可保留咬勁。

切絲②高麗菜等

垂直纖維切的話，吃起來較軟嫩。葉菜類之外的蔬菜則先切薄片再切絲。

切絲③大蔥

先將大蔥切成約 4cm 小段，然後縱切取出芯，再順著纖維方向切絲。

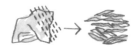

切碎末

切碎末①洋蔥

縱切對半後，菜刀分別從平行及垂直砧板的方向下刀，再切成碎末。保留根部不切到底會更好操作。

切碎末①紅蘿蔔等

先切薄片→絲→碎末。若不想切得很碎，可不切絲而切成細條。

切碎末①大蔥

順著纖維先下 4 ～ 5 刀，再將細條切成碎末。

切小圖片

將較細的長條形食材，從一端開始切成薄片，不管切口大小作法都一樣。

削成細條

邊轉動食材，同時從表面斜斜地削成細條。也可使用削皮器。

敲壓

使用擀麵棍等工具敲壓，再用手將裂開的食材分成小塊，在料理時會更好入味。

其他刀法・手撕

想讓料理更容易食用,或提高完成度,
可依食材種類選擇此類作法。

表面劃刀

不切斷,只在表面劃幾
刀。食材更好熟透,看
起來更美味。

單邊不切斷

一邊保留不切,剩下部
分切成片狀,食材更好
熟透。

背面劃刀

於盛盤時朝下的面,劃
上約 1 ／ 3 深度的十字
刀。

生菜撕片

葉菜類用手撕口感更
佳,而且不需挪出切菜
空間。

蒟蒻撕塊

利用杯口,或直接用手
撕塊,不平整的斷面可
吸收更多醬汁。

使用刨絲器

刨絲器非常方便,口
感、外觀和菜刀切的沒
有差別。

 memo   為什麼有些蔬菜切好要浸水?

蔬菜切好後,有的直接使用,有的則要浸水。浸水目的依食材或用途
不同,像牛蒡或馬鈴薯是為了防止變色;沙拉用萵苣或高麗菜則是為
了讓口感更好,而洋蔥及蔥類浸水能降低刺激味。

Q 牛蒡浸水，不同作法差異為何？

B 浸醋水

＜作法＞
充分清洗後，削成細條浸醋水。

 浸泡
10分鐘

OK!

好像加工般漂亮的白色。

講究
視覺度

／ 變白了！ ＼

A 浸水

＜作法＞
充分清洗後，削成細條浸水。

 浸泡
10分鐘

OK!

牛蒡和浸泡的水都呈淡茶色。

△

／ 色澤有點暗沉… ＼

讓牛蒡看起來又白又漂亮

醋的酸性有漂白類黃酮色素的作用，牛蒡浸泡醋水就是為此目的。雖然牛蒡一般會浸水去除青臭味，不過近年品種已經沒什麼雜味，因此不需浸水。反而是浸泡太久，多酚類等營養素及風味一不小心就流失了。

Q 萵苣浸水，哪種作法才正確？

B 浸在常溫的水

〈作法〉
和A一樣作法，將萵苣撕小片浸在常溫水中。

浸泡
10分鐘

NG!

軟趴趴，口感不佳。

╲ 水分過多，沒有彈力！ ╱

A 浸在加了冰塊的水

〈作法〉
將萵苣撕小片浸在加了冰塊的水，泡到盛盤之前。

浸泡
10分鐘

OK!

保留口感咬勁

吃起來口感清脆，水分飽滿。

╲ 清脆，好吃！ ╱

清脆好吃的秘密在於低溫的水

在低溫會增加韌度是萵苣纖維的特性，若要吃起來口感清脆，就浸冰水吧！但注意，浸太久反而會不好吃。溫度也會影響口感，浸常溫的水容易泡得太軟太濕。高麗菜絲也是，建議浸泡1～2分鐘就好。

蔬菜
浸泡

方法①

浸水

降低辛辣度，或讓豆類
等乾貨吸飽水分。

清脆口感
防止變色、增加

方法②

浸醋水

讓牛蒡等容易變色的蔬
菜看起來白亮。

浸在加了冰塊的水

讓蔬菜吃起來清脆，或
防止青菜汆燙後變色。

方法③

浸水的目的

① 增加清脆口感

水會滲透到蔬菜細胞內，吃起來
水分飽滿、口感清脆。

② 防止變色

浸水可阻隔與氧氣接觸，防止切
口變色。

③ 降低辛辣度

辛辣蔬菜切薄浸水，可溶出刺激
成分。

④ 去除青臭味

青臭味較重的蔬菜，切好浸泡水
中可將味道去除。

**透過浸泡的步驟
保持新鮮外觀**

牛蒡切口變色的現象稱作「褐變」，是蔬果內含的氧化酵素在接觸空氣中的氧氣後，催化一些酚類化合物發生氧化反應所引起的。浸泡水中阻隔與氧氣的接觸，便可防止褐變發生。另外，蔬菜細胞具有半滲透性，萵苣浸水後變得清脆，就是因為水分進入細胞的關係。

26

需要去除青臭味的蔬菜與不需去除青臭味的蔬菜

依蔬菜特徵及作用決定

「青臭味」指的是蔬菜中含有的苦味澀味及某些刺激性成分，會影響料理顏色和風味。

不過並非所有蔬菜都需去除青臭味。像牛蒡或蓮藕浸泡是為了防止變色，記得讓切口朝下，浸到水中。依不同種類決定是否要去除青臭味。

目的	防止變色	增加清脆口感	去除辛辣味
適用蔬菜	牛蒡 茄子 蓮藕 等	萵苣 高麗菜 小黃瓜 西洋芹 等	洋蔥 大蔥 等
作法	切口接觸空氣會變色，切了需馬上浸水。茄子要讓切口朝下浸泡。	做成沙拉生吃時，要浸在冰塊水中。低溫可以增加纖維韌度，吃起來更清脆。	洋蔥切薄再浸水，若想徹底去除辛辣味，可以用布包起來搓揉，破壞細胞。

需要去除青臭味的蔬菜，和不需去除青臭味的蔬菜

要去除青臭味
≫
番薯
菠菜　等

番薯浸水可防止褐變。菠菜則燙熟後要稍微過水。

不去除青臭味
≫
牛蒡
蓮藕

去除青臭味的同時，也可能流失風味，吃起來就少了層次。

蔬菜篇

蔬菜浸泡水會吸收水分，保持口感清脆。也能防止變色、保留色澤，還有降低辛辣度等作用。

1 增加清脆口感

萵苣

撕成一口大小後浸泡

撕成一口大小後，浸在加了冰塊的水。也可整片直接浸泡。

小黃瓜

切成圓形薄片後浸泡

切片後浸冰水。想讓口感變軟，就用鹽巴稍微搓揉。

西洋芹

切細條後浸泡

切細後浸冰水，讓口感爽脆，可用作沙拉等。

高麗菜

切絲後浸泡

切絲後浸冰水，可用作沙拉或盤飾等。

📎

memo

生菜要浸在冰塊水

浸水能使蔬菜細胞吸收水分，變得飽滿有彈力。低溫增加纖維韌度，使口感更加爽脆，因此冰塊水具有加乘效果。但浸泡時間過長，反而會導致糖份及風味流失。

2 防止變色

馬鈴薯	牛蒡	蓮藕

切成一口大小後浸泡

削皮後馬上浸水，一接觸空氣氧化就會變黑。

從先切的那端浸水

從先削的那端浸水，想讓顏色看起來較白就浸醋水。

浸醋水保留原來白色

切片後要馬上浸醋水，醋具有讓顏色變白的效用。

茄子	蘋果

切了馬上浸水

茄子切了的話，切口要馬上浸水，可防止變色同時去除青臭味。

浸泡鹽水或檸檬水

蘋果切了要馬上浸水，加入鹽巴或檸檬汁更好。

📎 memo

為什麼蔬果會變色？

有些蔬果含多酚及氧化酵素，接觸空氣時會引起氧化作用，使麥拉寧色素產生變化。

3 降低辛辣度

白蘿蔔·蕪菁	大蔥（白髮蔥絲）

切薄後浸水

洋蔥切薄浸水可降低辛辣度，建議生食時這樣處理。

切絲後浸水

大蔥切成很細絲後浸水，形狀會變得直挺，辛辣度也會降低。

📎 memo

水溶性的辛辣成分

洋蔥及蔥類的辛辣成分主要為水溶性硫化物，浸水可讓這些成分溶出，降低刺激性。

Q
泡發乾香菇，哪種作法才正確？

B 用 60℃ 熱水泡發

＜作法＞
放入60℃熱水中泡發。

浸泡
30分鐘

NG!

✕

等到完全泡發，看來還要一段時間…

╱ 怎麼都 ╲
泡發不起來！

A 用微溫 30℃ 水泡發

＜作法＞
用微溫的水泡發，儘量不讓溫度下降。

浸泡
30分鐘

OK!

快速

使用微溫的水，水分很快就被吸收了。

╱ 不一會兒 ╲
就膨起來了！

要在短時間泡發就用微溫的水

泡發乾燥香菇通常需浸泡5～6小時，不過使用微溫30℃的水的話，只要30分鐘即可完成。若加入砂糖提高滲透壓，還能再縮短時間。

浸泡60℃以上熱水的話，由於表面組織受熱變化，反而不易吸水無法泡發。

Q

泡發蒲瓜乾，哪種作法才正確？

B 用鹽巴搓揉後泡水

＜作法＞
稍微清洗，撒上鹽巴搓揉，然後沖掉再泡水。

浸泡
10分鐘

OK!
口感佳

可輕易撕開，煮過變得更柔軟。

蓬鬆柔軟！

A 直接泡水

＜作法＞
稍微清洗後泡水。

浸泡
10分鐘

NG!

用力拉扯也撕不開，煮過變更硬。

×

好硬喔！

利用鹽巴搓揉
讓纖維變柔軟

泡發蒲瓜乾時，以蒲瓜乾50g撒上鹽巴1小匙的比例，搓揉後浸水。泡發完成即可調味烹煮。藉著撒鹽搓揉在表面形成傷痕，組織受到破壞，口感就會變得鬆軟。另一方面，直接浸水泡發的，烹煮後依然很硬且不入味。

Q 水煮黃豆，哪種作法才正確？

B 直接水煮

<作法>
不浸泡，直接水煮。

小火，
煮40分鐘～1小時

NG!

×

很硬，用手指壓不爛。

＼ 好硬，而且 ／
＼ 容易裂開！ ／

A 浸水泡發後再煮

<作法>
依照季節調整時間（夏季～冬季），浸泡5～8小時。

小火，
煮40分鐘～1小時

OK!

口感佳

浸泡後再煮，表皮完整、口感鬆軟。

＼ 鬆鬆軟軟！ ／

要讓黃豆吸飽水分充分浸泡

黃豆一定要浸水泡發後才能烹煮，夏天約5小時，冬天則約8小時。如果想縮短時間，試試加入鹽巴（比例：1杯水／3小匙鹽巴），黃豆中的大豆蛋白具鹽溶性，因此可加快速度。

黃豆吸飽水分煮起來口感鬆軟，也不會出現顏色熟度不均等現象。

Q 水煮紅豆，哪種作法才正確？

B 直接水煮

〈作法〉
直接水煮，過程中不需要倒掉湯汁。

小火，
煮大約1小時

OK!

風味佳

色澤美麗，顆粒飽滿鬆軟。

／ 嚐得到 ＼
紅豆香氣！

A 水滾後倒掉一次湯汁

〈作法〉
直接水煮，水滾後倒掉一次湯汁再加水煮。

小火，
煮大約1小時

NG!

風味流失，吃不到紅豆香氣…

×

／ 外型乾癟，＼
色澤不佳！

煮紅豆不需要倒掉
第一次沸騰的湯汁

紅豆不像黃豆要浸水泡發，通常直接水煮即可，要注意的是，不要倒掉第一次沸騰的湯汁。現在紅豆已沒什麼青臭味，倒掉湯汁反而會流失風味，失去紅豆香氣。想要煮得好吃，秘訣在以小火慢煮，避免紅豆劇烈翻滾破皮。

Q 泡發乾燥凍豆腐，哪種作法才正確？

B 浸在滾水泡發

＜作法＞
將乾燥凍豆腐放進滾水泡發。

5分鐘後

NG!

雖然口感柔軟，但形狀碎碎爛爛的。

╳

太軟，煮起來不好看！

A 依標示浸在溫水泡發

＜作法＞
依照包裝標示（浸在溫水等）泡發。

20分鐘後

OK!

 口感佳

稍微按壓也不變形。

鬆軟Q彈！

浸泡足量溫水，基本上依標示泡發

乾燥凍豆腐雖不同廠牌多少有些差異，一般是按照包裝指示泡發。依包裝指示泡發的話，就算按壓也不變形，還能保有像海綿般鬆軟的口感。另一方面，以前市售乾燥凍豆腐有些要以滾水泡發，但是現在主要都使用溫水，也有不需泡發就能直接料理的產品。

B 用弄濕的布上下包夾	A 稍微浸溫水	Q 泡軟春捲米紙，哪種作法才正確？

B 用弄濕的布上下包夾

<作法>
一張一張夾在弄濕鋪平的2條布中間。

▽▽▽▽ 5分鐘

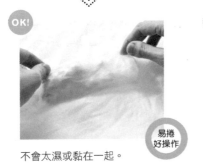

OK!

不會太濕或黏在一起。

易捲好操作

＼ 好操作，包得很漂亮！ ＼

A 稍微浸溫水

<作法>
一張一張稍微浸過溫水。

▽▽▽▽ 30秒～1分鐘

NG!

太濕太黏，捲得不漂亮。

✕

＼ 容易破，不好捲！ ＼

Q 泡軟春捲米紙，哪種作法才正確？

用濕的布包夾，5分鐘剛剛好

泡軟米紙是有訣竅的，有些作法是浸泡冷水或溫水，其實使用濕布包夾才是漂亮成形的秘密。雖然比浸水的米紙要來得硬些，但食材在包捲時會略微出水，讓米紙再軟化。浸水泡軟容易黏在一起，反而不好操作。

乾貨
泡發

方法①

用水浸泡一夜

用水浸泡一夜充分泡發，能增加鮮味，讓味道更好。

方法②

用溫水浸泡

沒有時間、想要快速泡發時，使用溫水也OK。

用鹽巴搓揉後稍微汆燙

方法③

蒲瓜乾要先用鹽巴搓揉，然後稍微汆燙即可泡發。

恢復水分飽滿的狀態

乾物是什麼？

① **含水量低·保存性高的食材**

像乾香菇、蘿蔔絲、海帶芽、昆布、羊栖菜或小魚乾等。

泡發的目的

② **恢復新鮮時水分飽滿的狀態**

吸滿水分變軟後再烹調，食材更好入口。

從脫水乾燥狀態到變得飽滿柔軟

乾貨含水量低，因此保存性高，還濃縮了營養和美味成分。選擇合適的作法，例如浸泡冷水或溫水，或汆燙，讓乾貨吸水變軟。

另外，各種食材泡發率（泡發後重量比）不同，不小心的話可能泡發過量，泡發時間也會依乾燥狀態而有所差異。

要浸泡、不要浸泡

依據食材特徵
學會各種作法

依據食材特徵，有的要浸泡，有的則不用。前者像乾香菇、蒲瓜乾、木耳、海帶芽、昆布、羊栖菜、寒天、黃豆或冬粉等。；後者如紅豆、米紙、乾豆皮等。特別是有人覺得紅豆皮較硬就長時間浸泡，結果在夏天浸泡的水甚至都發酵了。

方法	用冷水・溫水浸泡		不用冷水・溫水浸泡
適用食材	乾香菇 蘿蔔絲 蒲瓜乾 昆布 黃豆	羊栖菜 寒天 烤麩 冬粉 等等	紅豆 米紙 乾豆皮 等等

泡發黃豆後，水要如何處理呢？

不丟棄再利用

不必去除青臭味的黃豆泡發後，水還能再使用，和昆布一起就能煮高湯。

泡發的水溫是？

溫水是30℃

通常使用冷水即可泡發，像乾香菇或羊栖菜用30℃溫水的話能縮短泡發時間。

乾貨篇

1 用水・溫水泡發

乾香菇（香信／蕈傘已開的）

STEP1

浸水
5～6小時
»»»
溫水的話
30分鐘

STEP2

4倍

浸水 5～6 小時，溫水則浸泡 30 分鐘左右即可。

變成約 4 倍重。

乾香菇（冬菇／蕈傘未開的）

STEP1

浸水一夜
»»»
溫水的話
30分鐘

STEP2

4.5倍

浸水一夜，溫水則浸泡 30 分鐘左右即可。

變成約 4.5 倍重。

蘿蔔絲

STEP1

浸水
10～15分鐘
»»»

STEP2

4倍

浸水 10～15 分鐘。

變成約 4 倍重。

蒲瓜乾

STEP1

用鹽巴搓揉後
浸水10分鐘
» » »
水煮10分鐘

STEP2

2倍

用鹽巴搓揉後浸水 10 分鐘，再水煮 10 分鐘左右，煮到看起來有點透明感。

變成約 2 倍重。

📎 memo
....

海帶芽的不同

鹽漬海帶芽要先稍微沖洗再泡發；切片海帶芽則不必水洗去鹽，可直接加進熱湯。

海帶芽（切片）

STEP1

浸水5分鐘
» » »

STEP2

12倍

浸水 5 分鐘。

變成約 12 倍重。

海帶芽（鹽漬）

» 浸水 10 分鐘

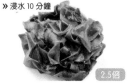

2.5倍

浸水 10 分鐘，會變成約 2.5 倍重。

昆布

STEP1

浸水20分鐘
» » »

STEP2

3倍

浸水 20 分鐘。

變成約 3 倍重。

蘆筍

» 浸水 10 分鐘

2.5倍

浸水 10 分鐘，會變成約 2.5 倍重。

📎 memo 鮮味成分豐富的乾貨，泡發的水也可以用

乾香菇或昆布等浸水不會溶出青臭味，反而是水溶性鮮味成分會釋出，所以別丟掉泡發的水，拿來作高湯吧！記得先把食材上的灰塵沙粒洗掉再泡發。

芽羊栖菜

STEP1

浸水20分鐘
» » »

STEP2

8.5倍

浸水 20 分鐘。

變成約 8.5 倍重。

長羊栖菜

» 浸水 30 分鐘

4.5倍

浸水 30 分鐘的話，會變成約 4.5 倍重。

寒天條

STEP1

浸水30分鐘
» » »

STEP2

5倍

浸水 30 分鐘。

變成約 5 倍重。

寒天絲

» 浸水 20 分鐘

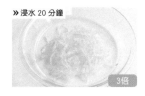

3倍

浸水 20 分鐘的話，會變成約 3 倍重。

冬粉（綠豆）

STEP1

浸泡溫水
10分鐘
» » »

STEP2

3.5倍

浸泡溫水 10 分鐘。或者以 2 杯滾水放入 100g 冬粉的比例操作，關火靜置 5 分鐘。

變成約 3.5 倍重。

冬粉（馬鈴薯）

» 浸泡溫水 10 分鐘

4倍

浸泡溫水 10 分鐘，會變成約 4 倍重。或放入滾水中 3 ～ 4 分鐘。

木耳

STEP1

浸水20分鐘
» » »

STEP2

7倍

浸水 20 分鐘。

變成約 7 倍重。

烤麩

» 浸水 20 分鐘

6倍

浸水 20 分鐘,會變成約 6 倍重。

黃豆

STEP1

浸水一夜
» » »

STEP2

2.5倍

浸 水 一 夜(5 ~ 8 小時)。

變成約 2.5 倍重。

📎

memo

黃豆泡發重點

充分清洗,去除浮在水面的雜質及蟲咬壞的豆子。重點要用足夠的水,水量不夠就無法充分泡發。

2 浸水以外的方式

乾豆皮

用濕布
上下包住10分鐘
» » »

用濕布上下包住 10 分鐘。

變成約 2 倍重。

米紙

» 用濕布上下包住 5 分鐘

1.5倍

用濕布上下包住 5 分鐘,會變成約 1.5 倍重。

Q 不同器具磨蘿蔔泥，差異為何？

B 塑膠磨泥器

<特長>
下方為盒子設計，能接住磨好的泥。

OK!

口感佳

雖有纖維殘留，但口感濕潤。

／口感恰到好處！＼

A 鋁製磨泥器

<特長>
輕巧方便。

OK!

辛辣度高

形狀較短，顆粒稍微大小不一。

／吃起來特別辣！＼

依口感喜好或用途，使用合適的器具

白蘿蔔每個部位辣度不同。通常葉子部分為上，尖端根部為下，上半部較甜，而下半部較辣、粗纖維也較多，可依照個人喜好選擇使用部位。一般家庭常用的磨泥器有鋁製、塑膠製、陶瓷製及食物攪拌機等。

D 食物攪拌機

<特長>
快速方便。

OK!

速度快

形狀粗細不一,看起來鬆
鬆的。

／ 顆粒感明顯! ＼

C 陶瓷磨泥器

<特長>
有點重量穩定性佳,磨起來順
手。

OK!

依個人
喜好

口感滑順細緻。

／ 口感細滑,
但好像少了點什麼? ＼

　　形狀較短、大小不一,
但口感佳有咬勁。塑膠製磨
出來的會殘留更多纖維,但
口感濕潤水分飽滿。陶瓷製
磨泥器的突起小而密集,因
此能磨出滑順細緻的泥;食
物攪拌機磨出的形狀大小不
一、顆粒感明顯,適合用在
蘿蔔泥蕎麥麵或燉煮料理,
且速度快,大量製作時就能
派上用場。

Q 磨山葵泥（哇沙比），哪種作法才正確？

B 塑膠磨泥器

＜特長＞
較硬的山葵不好磨。

NG!

留下纖維，口感粗糙。

／ 粗糙，
香氣也不夠…… ＼

A 鯊魚皮磨泥器

＜特長＞
研磨面密度高，磨起來滑順。

OK!

香氣足

軟綿綿、口感滑順細緻。

／ 細緻，
香氣足！ ＼

破壞細胞組織，
釋放香味與辛辣味

磨新鮮山葵泥時，研磨面較細的鯊魚皮磨泥器可以破壞較多細胞組織，不只讓口感變得滑順，還能提升香氣與辛辣味。

塑膠磨泥器的磨泥面密度低，有損新鮮山葵原有的風味，口感也粗糙不佳。

Q 磨山藥泥，不同作法差異為何？

B 研磨缽

＜特長＞
讓山藥泥與研磨缽的斜面磨擦，磨得更細滑。

OK!

口感佳

黏度恰恰好，濃密滑順。

╱ 鬆軟滑順！ ╲

A 塑膠磨泥器

＜特長＞
磨泥面密度低，吃起來有顆粒感。

OK!

△

濃稠，少了空氣感。

╱ 有些顆粒，
不夠細滑！ ╲

多一點工夫，
滑溜口感恰恰好

要磨滑溜溜山藥泥時，比起用其他塑膠磨泥器，使用研磨缽能磨得更滑順細緻，搭配研磨棒讓山藥泥與缽內斜面磨擦打入空氣，吃起來更鬆軟綿細。若是使用塑膠研磨器，就要更仔細地慢慢操作。

磨泥

一般磨泥器

有鋁製、塑膠製等多種，依個人喜好及用途選擇。

磨碎破壞蔬果的細胞組織

方法③

研磨缽

可依研磨方法調整顆粒感細緻度，打入空氣使口感更鬆軟。

鯊魚皮磨泥器

研磨面密度高，能夠徹底破壞較多細胞組織。

方法②

目的

① 磨碎，同時保留水分

能夠釋放活化細胞內酵素，幫助消化。

② 釋出黏性與辛辣成分

如山葵及山藥，破壞細胞釋出黏性與辛辣成分。

破壞細胞組織與否的差異

想釋放山葵、生薑等食材的香氣及辛辣成分，或山藥的黏性時，破壞細胞組織更能發揮食材本身風味。

相反地，小黃瓜、白蘿蔔或蕪菁等，則不破壞細胞組織、保留水分，讓口感吃起來滑順，也能有效攝取營養成分。

46

依喜好選擇磨泥器種類

按食材種類用途分別使用

磨泥器的研磨面有密度高、有密度低,可依照食材及料理用途選擇合適器具。

白蘿蔔或蕪菁等,除了口感喜好之外,也可依燉菜、煮火鍋,還是佐配烤魚等料理用途來區分。要釋出黏性或辛辣成分的話,就使用研磨密度高的鯊魚皮磨泥器或研磨缽吧!

種類	研磨面密度高	研磨面密度低
磨泥器	陶瓷製 鯊魚皮製 研磨缽 等等	鋁製 塑膠製 木製或竹製
特色	用來磨蘿蔔等食材的話,口感會相當細緻。用在山葵、生薑時,可釋出辛辣成分增加辣度。	適當保留水分,多少會留點顆粒感,喜歡這種口感的話,就使用研磨密度低的器具。木製或竹製磨泥器磨出來顆粒較粗,適合煮雪見鍋(白蘿蔔泥火鍋)。

「磨細」和「磨碎」的不同

磨細和磨碎的不同

所謂「磨細」是儘量不破壞細胞將食材磨細,而「磨碎」則是破壞細胞的同時將食材磨細。

要取用汁液時就選研磨密度低的

研磨密度低的磨出較多汁液

需要薑汁時,研磨密度低的器具可磨出較多清澈汁液。

蔬菜篇

有像蘿蔔泥只將食材磨細儘量不破壞細胞，也有像山藥、山葵破壞細胞，釋出黏性或辛辣成分等不同作法。

1 蔬菜泥

白蘿蔔

先切下使用量再磨泥

搭配料理切下使用量的長度，然後削皮、磨泥。

蕪菁

連皮一起磨泥

蕪菁表皮柔軟，充分清洗、切掉頭尾，即可連皮一起磨泥。

洋蔥

以垂直纖維方向磨泥

洋蔥易散開，垂直纖維方向比較好磨。

紅蘿蔔

要使用的部份削皮

搭配料理將要使用的部份削皮，磨泥。

小黃瓜

抹鹽在砧板上滾、清洗後磨泥

為了除去生澀味，先抹鹽在砧板上滾一滾、清洗之後再磨泥。

📎 memo

加進沙拉醬

把蔬菜泥加進沙拉醬，更容易攝取膳食纖維。不過要注意一接觸空氣很快就會氧化，記得等要吃時再磨製。

2 芋薯泥 · 根菜泥

山藥（一般磨泥器）

使用一般磨泥器

山藥削皮後使用一般磨泥器磨製。由於容易滑動，可用布捲起來操作。

山藥（研磨缽）

STEP1

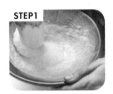

在研磨缽內磨細

直接拿著在缽中轉繞，接觸斜面磨成細泥。桌面鋪上濕布可增加操作時的穩定度。

STEP2

使用研磨棒磨得更鬆綿

搭配研磨棒，把山藥泥磨得更鬆綿細滑。

馬鈴薯

削去厚皮再磨泥

馬鈴薯要削去厚皮、挖掉發芽處再磨泥。

蓮藕

充分清洗孔洞再磨泥

充分清洗蓮藕孔洞、削皮，有洞的面朝下磨製。

📎 memo

為什麼可以鬆軟細滑？

山藥先在研磨缽中磨細後，再使用研磨棒將細胞破壞增加黏性，同時將空氣打入，口感就會鬆綿細滑。

3 辛香料蔬菜泥

大蒜

切去靠近根的部位

大蒜要切掉靠近根部較硬處，以垂直纖維方向磨製。

生薑

去除受傷及較硬處

薑泥使用研磨密度高的器具；薑汁則用研磨密度低的器具。

山葵（新鮮哇沙比）

使用鯊魚皮磨泥器

山葵去除髒汙及根部，使用研磨密度高的鯊魚皮磨泥器磨製。

Q 水煮馬鈴薯，不同作法差異為何？

B 馬鈴薯切好加入滾燙鹽水

＜作法＞
水滾後加入水重0.5％的鹽巴，
再放入馬鈴薯。

 6～8分鐘後

速度快

雖然多了步驟，但能縮短
烹調時間。

＼口感鬆鬆綿綿！＼

A 整顆帶皮直接水煮

＜作法＞
將帶皮馬鈴薯整顆放進冷水，
從頭開始煮。

 20分鐘後

步驟簡單

雖有點費時，但作法超簡
單。

／有點Q度，
密實口感！＼

依口感喜好或步驟繁簡，決定烹調方法

馬鈴薯煮法可依步驟繁簡、時間長短，或想要呈現的風味來作選擇。整顆帶皮水煮雖簡單，但需要花點時間，煮好的馬鈴薯口感密實、保留完整風味。

另一方面，切過燙鹽水雖步驟較多，但非常省時，煮好的馬鈴薯口感清爽，是另一種鬆鬆綿綿的好滋味。

Q 汆燙菠菜，不同作法差異為何？

B 適當切小段後汆燙

＜作法＞
將菠菜切小段，放入滾水中。

⌄⌄⌄⌄⌄

OK!

輕鬆簡單

擰乾後可直接涼拌。

╱ 輕鬆簡單，好美味！ ╲

A 從根部整株放入汆燙

＜作法＞
整株菠菜從根部放進滾水中。

⌄⌄⌄⌄⌄

OK!

講究
視覺度

擰乾後要方向統一排好再切，有點麻煩。

╱ 適用精緻料理 ╲

**不必擔心！
營養價值不變**

一般作法是將整株菠菜從根部先放進滾水中燙，實際上切小段再汆燙其風味及營養價值都不會變。

傳統作法適合精緻日本料理，一般家常料理建議先切再燙，輕鬆簡化靠近根部汙泥不易清洗、燙熟後排好才能切的步驟。

Q 汆燙白菜，不同作法差異為何？

B 用少量水蒸煮

<作法>
平底鍋加少量水，加蓋蒸煮。

1～2分鐘後

OK!

脆脆的，口感佳。

美味好吃

／水分飽滿，甘甜！＼

A 用多量滾水燙熟

<作法>
葉和梗分開，梗先放入多量的滾水燙。

1～2分鐘後

OK!

一不小心就煮得太軟。 △

／水分太多，風味有點淡……＼

白菜等淺色蔬菜，用蒸煮方式節省時間

沒有青臭味不易變色的淺色蔬菜，省去等待水沸的時間，直接蒸煮才會輕鬆簡單！在平底鍋內加入淹過蔬菜的水，蓋上鍋蓋蒸一會兒就完成。平底鍋能夠有效率均勻加熱食材，非常方便。

將白菜的葉和梗分開，利用放入滾水的葉和梗時間差，就能同時完成且熟度恰到好處。

Q 汆燙花椰菜，不同作法差異為何？

B 用少量水蒸煮

<作法>
平底鍋加少量水，加蓋蒸煮。

3分鐘後

OK!

翠綠鮮豔，口感佳。

美味好吃

／保留些許脆度，＼
風味濃郁！

A 用多量滾水燙熟

<作法>
切成小朵，放入滾水汆燙。

3分鐘後

OK!

翠綠鮮豔，但有時候會煮
得太軟。

△

／水分太多，＼
風味有點流失

用少量的水蒸煮，風味不減一樣好吃

黃綠色蔬菜一般作法是以多量滾水汆燙，不過花椰菜要注意汆燙時間，很容易煮得太軟。用少量水蒸煮可濃縮蔬菜風味，軟硬度也恰到好處。用滾水汆燙時，記得要縮短時間！其他像是蘆筍、豌豆莢等也適合用蒸煮的方式。

Q 水煮蓮藕，哪種作法才正確？

A 用滾水燙熟

<作法>
削皮、切成半月形薄片，放進滾水中燙熟。

 5分鐘後

NG!

變色，看起來不好吃。 ✕

\ 過一會兒變得更黑了！ /

B 用加醋滾水燙熟

<作法>
將削皮、切成半月形薄片的蓮藕，放進加醋滾水中燙熟。

 5分鐘後

OK!

漂亮，顏色不變。

講究視覺度

\ 過一會兒還是白色的！ /

加醋呈現漂亮白色，口感爽口清脆

為防止褐變作用發生，將蓮藕稍微浸泡醋水就有很好的效果，也可以直接將醋加進滾水中。醋能讓蓮藕變白，就算接觸空氣也能維持顏色。醋也會與蓮藕特有的黏液素作用，降低黏度口感變得爽口清脆。

Q 水煮里芋，不同作法差異為何？

B 放進加了明礬的滾水燙熟

＜作法＞
削皮之後放進加了明礬的滾水中燙熟。

5分鐘後

講究
視覺度

黏稠感消失了，稍硬就不怕煮到變形。

／切角形狀完整
漂亮！＼

A 放進滾水燙熟

＜作法＞
削皮後放進滾水燙熟。

5分鐘後

講究
味道

同樣可以去除里芋特有的黏液。

／稍微變形，
但保留完整風味！＼

利用明礬去除，妨礙食材入味的黏液

高級日本料理為了維持漂亮顏色、完整形狀，汆燙時常加入明礬去除黏液，燙好的里芋偏硬，直接用滾水去除黏液，雖無法保持完美外形，但仍能充分入味，家常菜這樣處理就很夠了。

Q 青菜燙好之後，哪種作法才正確？

B 浸冰塊水降溫

<作法>
用滾水燙熟，浸在加了冰塊的水降溫。

5分鐘後

OK!

柔軟易入口

菠菜風味濃郁。

／翠綠鮮豔！＼
口感清脆！

A 在濾網瀝乾降溫

<作法>
用滾水燙熟後，放在濾網上瀝乾降溫。

5分鐘後

NG!

水分過多，味道淡。

／葉子轉黑，＼
軟軟爛爛的……

×

**浸冰水降溫，
去味又防止變色**

菠菜等青臭味較重的黃綠色蔬菜，燙熟後浸冰水可去除青臭味、保留鮮豔綠色。

青臭味成分以水溶性居多，像菠菜中的草酸燙熟後浸水就能夠溶出。另外，葉綠素經過燙煮，一直停留在高溫狀態下會變色，因此浸冰水可防止變色。

Q 白菜燙好之後，哪種作法才正確？

B 浸冰塊水降溫

<作法>
將燙好的白菜浸在加了冰塊的水降溫。

5分鐘後

NG!

水分有點太多。

＼ 水分稀釋了風味，／
味道很淡！

×

A 放在濾網上瀝乾

<作法>
白菜燙好用濾網瀝乾降溫。

5分鐘後

OK!

清脆，咬勁也不錯。

口感佳

＼ 水分飽滿，／
吃得到蔬菜甘甜！

青臭味較淡的蔬菜，放在濾網上瀝乾

青臭味成分少的淺色蔬菜不需浸泡，直接放在濾網上瀝乾、放涼即可。如此一來不必擔心水分過多，影響食材風味。較無青臭味的黃綠色蔬菜（花椰菜、蘆筍等）也適用。若是浸水降溫不僅易吸收太多水分，食材風味也會流失，重點是不燙煮過頭、不浸水降溫。

水煮蔬菜

涼拌小菜、鰹魚醬油拌青菜及燉煮料理的烹調準備

是什麼料理方式的準備呢？

燉煮

防止蓮藕和牛蒡發生褐變，也可去除像里芋的黏液。

涼拌小菜

如利用菠菜等製作白芝麻豆腐醬涼拌時，會先將食材燙軟後才調味。

鰹魚醬油拌青菜

青臭味可透過汆燙去除，讓味道變好。

目的

① **去除澀味和青臭味**

於烹調前，去除影響料理口味的澀味和青臭味。

② **維持顏色鮮豔、提升口感**

軟化植物纖維讓口感更好，保持色澤鮮豔。

去除澀味及青臭味讓口感更好

蔬菜透過水煮汆燙，可溶出澀味及青臭味成分，且高溫會軟化纖維使口感變好。放進足量滾水中汆燙，能安定葉綠素維持食材色彩鮮豔。汆燙蓮藕或牛蒡時，加點醋顏色會更容易定色。

58

蔬菜蒸煮、汆燙2種作法

依蔬菜種類選擇汆燙或蒸煮

蔬菜有些適合汆燙，有些則適合蒸煮。青臭味較重的蔬菜和山菜建議用汆燙的，白菜、高麗菜等淺色蔬菜或花椰菜、蘆筍等青臭味較淡的黃綠色蔬菜，就適合蒸煮的方式。汆燙時水量要夠，等沸騰再把蔬菜放進去。

	汆燙	蒸煮
適用食材	菠菜和茼蒿這類，青臭味較重的蔬菜與山菜。還有想保留鮮艷顏色的黃綠色蔬菜。	白菜等沒有青臭味的淺色蔬菜，或花椰菜、蘆筍等青臭味較淡的黃綠色蔬菜。
特徵和重點	**去除青臭味，還有定色效果** 汆燙水溫不夠的話，酵素會發生作用，讓蔬菜褪色變得不好看。記得要等水沸騰，再放入食材。	**用少量水加熱** 加入約略淹過食材的水量，務必蓋上鍋蓋，有助整體溫度傳導。

燙熟後的3種降溫法

浸泡冰水・冰塊水

青臭味成分浸水就會溶出，建議泡到溫熱度消失。

過水瀝乾放涼

豌豆莢等青臭味較淡的黃綠色蔬菜，想保持蔬菜翠綠時。

放在濾網上放涼

白菜、花椰菜及豆芽菜等，沒有青臭味的淺色蔬菜浸水的話風味會變淡。

1 燙青菜

透過水煮汆燙，去除某些蔬菜特有的青臭味，讓口感變好，同時軟化食材以便料理。

茼蒿

菜梗 20 ~ 30 秒 ↓ 菜葉 30 ~ 40 秒

菜梗、菜葉分別切好，先放梗燙 30 ~ 40 秒，再加入菜葉燙 20 ~ 30 秒。

菠菜

切小段再燙

菠菜先切成適當小段，放進足量滾水中燙 1 ~ 2 分鐘。

小松菜

根側 2 分鐘 ↓ 菜葉 1 分鐘

根側先放進足量滾水中燙 2 分鐘左右，再讓葉子也浸到滾水燙 1 分鐘左右。

青江菜

葉梗先放進去燙

在根側葉梗淺劃幾刀，先放進滾水燙 2 分鐘左右，再讓葉子浸水燙熟。

📎 memo

燙青菜水量要足夠

青菜中含葉綠素，在酸性環境下會變色。為稀釋滾水的酸性，使用足夠的水量是關鍵。

2 其他的黃綠色蔬菜

蘆筍

根部燙30秒→連筍尖一起燙2分鐘

削皮處理後,先將根部放進滾水燙約30秒,再連筍尖整株放入燙2分鐘左右。

毛豆

抹上鹽巴用滾水燙3分鐘

抹上毛豆重量1～2%的鹽巴,鹽巴附著的狀態下汆燙3分鐘左右。

秋葵

在砧板上抹鹽滾一滾燙2分鐘

將處理好的秋葵抹上其重量2%的鹽巴,在砧板上滾一滾,鹽巴附著的狀態下汆燙2分鐘左右。

花椰菜

蒸煮3分鐘就OK

放入約花椰菜高度一半的水,加蓋蒸煮3分鐘左右。

紅蘿蔔

切好再煮或整條煮

配合不同料理,切好再用滾水燙10～20分鐘,或是整條燙熟再切也OK。

南瓜

從冷水開始煮10分鐘

放進冷水煮約10分鐘,直到南瓜變軟,再撈起,瀝乾降溫。

3 淺色蔬菜・菇類

高麗菜

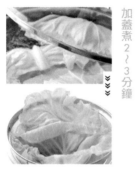

加蓋煮 2～3 分鐘

加入約淹過食材的水量,加蓋蒸煮 2～3 分鐘,直接放在濾網瀝乾。

白菜

粗梗煮 1 分鐘→加入葉片稍蒸煮

將分開切好的粗梗先放入,加蓋蒸煮 1 分鐘左右,再加入葉片蒸煮 1 分鐘,撈起瀝乾降溫。

豆芽菜

汆燙 30 秒或淋熱水

將豆芽菜放在濾網,一起進滾水燙 30 秒左右,或直接淋熱水。

白花椰菜

滾水汆燙 1 分鐘

放進滾水燙 1 分鐘,撈起瀝乾降溫。

蓮藕

放進加醋滾水中燙 5 分鐘

放進加了少許醋的滾水中汆燙,浸冷水去除黏性。切薄片燙 2 分鐘,切塊的話 5 分鐘。

菇類

用酒煎煮或滾水燙 10 秒

菇類灑上少許酒煎煮即可。也可放進加了檸檬汁和月桂葉的滾水中燙 10 秒左右。

4 山菜

竹筍（帶皮）

STEP1 加入米糠 使用足夠水量

鍋中放入竹筍和足夠的水，加入少許米糠。

STEP2 開始煮 60 分鐘 使用落蓋從冷水

使用直接接觸食材的落蓋，從冷水開始煮約 60 分鐘。大火煮至沸騰後轉中火。

STEP3 否熟透 使用竹籤確認是

靠近根的部位較硬，如果竹籤能夠刺穿，表示已熟透，即可削皮水洗。

竹筍（去皮）

STEP1 的水量加入米糠 使用約略淹過竹筍

使用約可淹過竹筍的水量，加入少許米糠，將削好皮的竹筍放入。

STEP2 煮 60 分鐘 沸騰後轉中火

先開大火讓鍋內沸騰，然後轉中火煮 60 分鐘左右。

STEP3 煮好後水洗

煮好後充分清洗附著在竹筍表面的雜質及米糠。

山蘿菜

STEP1 一滾 抹鹽在砧板上滾

去掉葉子和根部，切成可放進鍋內的長度，抹鹽在砧板上滾一滾。

STEP2 燙 1～2 分鐘 附著鹽巴狀態下

鍋內水沸騰後，將附著鹽巴的山蘿菜直接燙 1～2 分鐘，稍微保留一點硬度，燙好再去除粗硬纖維。

memo

去除山菜的青臭味

山蘿菜青臭味較強，無法直接食用。買回來就可馬上用鹽水煮過，去除澀味及苦味。過貓菜可放入加了小蘇打粉的滾水中稍微汆燙。

壓塊、搗細的差異？

　　「壓碎」是從上方施加壓力，使食材外形崩解，例如，要用南瓜或芋薯製作留有薯塊感的可樂餅時，就是將食材稍微壓碎成塊，破壞組織使口感變軟。釋出大蒜香氣時，也是利用壓碎來達到效果。是將食材稍微壓碎成塊，破壞組織使口感變軟。釋出大蒜香氣時，也是利用壓塊來達到效果。另外，將小黃瓜及牛蒡壓塊，也能在口感上創造變化。另一方面，「搗細」則是使用篩網與木鏟，徹底地將食材搗壓成綿細狀，主要用於製作薯泥、南瓜泥及金團⑪等，講求綿密細滑口感時。

壓成帶塊薯泥

將大蒜壓碎塊

搗成綿密薯泥

⑪日式甜點的一種，主要使用栗子泥或甘薯泥製作。

2

海鮮・肉・蛋・豆類・豆製品的備料技巧

料理要好吃，秘訣在於完整仔細的備料準備。尤其是海鮮、肉、蛋、豆類及黃豆製品等富含蛋白質的食材，多花一點功夫就能讓美味度大大提升。

Q 烤魚的口感，不同作法差異為何？

B 要烤的時候再撒鹽

<燒烤前>
撒上鹽巴後馬上料理。

馬上放到烤爐

OK!

外觀一樣，但魚肉整體口感鬆軟。

口感佳

╱ 整體口感鬆軟 ╲

A 先撒鹽靜置 15 分鐘左右

<燒烤前>
料理前15分鐘撒鹽，讓魚肉表面收縮。

15分鐘後再放到烤爐

OK!

適度煎烤上色，魚肉不會散開。

依個人喜好

╱ 表面緊實，內部鬆軟。 ╲

撒鹽的步驟是為了凝固蛋白質

魚類在燒烤前15～30分鐘，預先撒上鹽巴的話，鹽份滲透能讓蛋白質凝固，肉質就會變緊實，烤好的魚表面收縮，內部鬆軟。若要烤時再撒鹽，就會整體呈現鬆軟口感。兩種作法沒有腥味上的差異，主要看個人喜好選擇作法。

Q 去除魚肉腥味，不同作法差異為何？

B 不燙過表面就直接煮

＜作法＞
充分清洗後，直接放進鍋內從冷水煮。

▼ 直接煮清湯

OK!

美味好吃

看起來雖有些混濁，但十分美味。

／魚肉只要洗乾淨，＼
　就會非常好吃！

A 先燙過表面再煮

＜作法＞
充分清洗，先用熱水將表面燙一下，再放進鍋內從冷水煮。

▼ 表面先燙過，再煮清湯。

OK!

透明清澈

沒有腥味，形狀完整。

／湯汁清透，＼
　口味清爽！

不先燙過也OK，水洗即可去除腥味

煮魚雜湯或滷魚時，常會先將食材表面燙一下，這個動作能讓表面蛋白質凝固，去除帶腥味的油份、血液、黏液或鱗片等。不過，料理味道會變得較為清淡。

其實只要清洗乾淨，煮好的魚湯也許不夠清澈，但完全不減美味。

Q 切生魚片，哪種作法才正確？

B 鮪魚切成薄片

＜切法＞
刀靠著食材斜向切成薄片。

NG!

×

無法充分品嚐紅肉美味，份量感不足。

／吃起來沒味道……＼

A 鮪魚切成厚片

＜切法＞
切成稍有份量的厚片。

OK!

美味好吃

吃得到紅肉特有的鮮味與口感。

／吃起來更加鮮美！＼

生魚片的切法依蛋白質種類而異

生魚片的切法，記得用紅肉和白肉區分！原則上紅肉魚要切厚，白肉魚則切薄。

魚肉大致可依顏色與血合肉⊕的量，分成：多＝鰹魚、鮪魚（紅肉魚），少＝鱈魚、鰈魚、比目魚（白肉魚），中間＝竹筴魚、鯖魚（青背魚⊕）三種。紅肉魚和白肉魚的肉質都不同，所以烹調方式也有所差異。紅肉魚的特徵是較多血

68

D 鯛魚削切成薄片

＜切法＞
刀靠著食材斜向削切成薄片。

OK!

口感佳

清爽Q彈的好口感。

╱ 肉質鮮美有嚼勁！ ╲

C 鯛魚切成厚片

＜切法＞
切成1～2cm寬的厚片。

NG!

×

雖有嚼勁，還殘留筋膜的感覺。

╱ 口感不錯，但嚐 ╲
　不出味道……

合肉，因此肉質柔軟，切太薄吃起來份量感不足，厚切才能突顯紅肉特有的風味。

白肉魚肉結構多為結締組織，肉質緊實。若切得太厚就不易咀嚼，影響魚肉風味呈現，像鯛魚或比目魚等就要切成薄片，品嚐Q彈口感與清爽風味。另外，像竹筴魚等青背魚，就要切得厚薄適中。

😀血合肉就是魚骨周圍的肉，顏色較暗，鮮度不易保持。

😀青背魚，就是來自冰凍水域的鮭魚、沙丁魚、鮪魚、鰹魚、秋刀魚、竹筴魚、鰤魚、真青花魚、麻青花魚、鯡魚、雷魚、鳳尾魚等，這些青背魚都含有獨特的魚油EPA和DHA。

海鮮類的
烹調前處理

去除骨頭及內臟，方便食用

烹調前處理的方法

去除鱗片
鱗片硬且會影響口感，用類似削皮的手法去除。

去除內臟
內臟容易腐壞，趁魚還新鮮時就要取出。

清洗
為了不讓鱗片或血液殘留，要沖洗乾淨。

目的

① 讓口感變好
去除魚鱗、稜鱗（見p73）、魚鰓及細刺等，以方便食用。

② 消除腥臭味
內臟腐壞速度快，要趁新鮮時取出，充分清洗去腥。

**透過烹調前處理
去除腥味保持鮮度**

魚料理好吃的關鍵在於新鮮度，要趁整條剛買回來新鮮時馬上處理。去除鱗片、稜鱗、取出內臟、沖水洗淨。仔細處理可以讓口感更好，抑制腥臭，同時保存性也會提高，方便冷凍保存。

搭配料理的各種剖切方法

依照魚的大小及肉質軟硬選擇料理方式

魚的剖切方法有兩片剖法、三片剖法、五片剖法、大名剖法、腹側剖法、魚背剖法、徒手處理等多種，可依魚種、肉質或魚身大小選擇剖切方式，學會基本剖切法，任何魚料理都能得心應手。另外，適合紅肉或白肉的生魚片切法也可讓口感大大提升。

剖切方法	大名剖法（見p74）	三片剖法	徒手處理
料理種類	生魚片、炸物、天婦羅、義式生肉片、橄欖油烤海鮮、魚骨仙貝等。	生魚片、炸物、烤魚、酸辣椒麻魚、燉煮、奶油煎魚、蒸魚等。	油炸、魚丸、酸辣椒麻魚、蒲燒、燉煮、沾裹麵包粉的煎魚、醃漬等。
適用魚種	沙鮻、秋刀魚、針魚等，肉質易鬆碎及小型魚。	竹筴魚、鯖魚、秋刀魚、青魽、鯛魚等。	沙丁魚等，細刺多、肉質柔軟的魚。

生魚片切法的差異

紅肉魚切厚

鮪魚或鰹魚等紅肉魚含有較多肌漿蛋白，因此肉質柔嫩，切成厚片吃起來更有咬勁。

白肉魚切薄或細條

鯛魚或鰈魚等白肉魚含有較多肌原纖維構成的蛋白質，因此肉質密實。削成薄片或切細條會更好入口。

1 三片剖法（兩片剖法）

4 用水洗淨

於裝水的盆子裡，洗淨
魚腹內部和沾黏在骨頭
的血液，再擦去水分。

5 魚腹劃刀

從魚腹靠近頭部的地方
入刀，刀尖碰到骨頭，
往尾巴方向劃刀。

6 魚背劃刀

從從魚背靠近尾巴的地
方入刀，沿著背鰭，往
頭部方向劃刀。

START!

1 竹筴魚要去除稜鱗及鱗片

從尾端削掉稜鱗、去除
鱗片，另一面也是相同
的作法。

2 切掉頭部

從連接胸鰭處入刀，另
一面也是相同位置，將
魚頭切掉。

3 去除內臟

魚腹朝自己擺放，從頭
部切口往腹部方向剖開，
去除內臟。

海鮮篇

各種海鮮處理圖例

魚類在烹調前需將頭部、鱗片及內臟等處理乾淨。

依魚身大小、魚形及用途，有不同剖切方式。

什麼是稜鱗？

竹筴魚身上可以看到「稜鱗」，指的是從魚尾延伸到魚身的硬刺，通常不食用。兩側魚身都有稜鱗，記得都要去除。製作醋拌料理時需要剝皮，就不需先處理稜鱗了。

10 沿著中骨將魚肉切下

同步驟 7，將魚身與中骨分離。

11 削去腹骨

將剖下來的魚片腹側朝左垂直擺放，菜刀靠著魚肉削去腹骨。

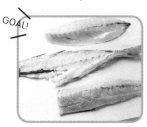

GOAL!

三片剖法完成！

7 沿著中骨將魚肉切下

兩片剖法完成！

從尾處入刀，刀面靠著中骨，朝頭部方向將魚肉片下。

8 翻面、魚背入刀

翻面，從魚背靠近頭部處往尾巴方向，同步驟 6 劃刀。

9 魚腹入刀

改變方向，從魚腹尾巴往頭部方向，同步驟 5 劃刀。

2 大名剖法

7 翻面、將魚肉和魚骨切離

翻面,將魚背朝自己擺放,同步驟6,沿骨頭上方將魚肉切離。

4 用水洗淨

於裝水的盆子裡,將腹中、骨頭附近的血液充分洗淨。

START!

1 去除稜鱗及鱗片

從尾端削掉側邊的稜鱗、去除鱗片,另一面也是相同作法。

GOAL!

8 削去腹骨

大名剖法完成!

將剖下來的魚片腹側朝左垂直擺放,菜刀靠著魚肉削去腹骨。

5 擦掉水分

將水洗後的魚肉用廚房紙巾等擦乾水分。

2 切掉頭部

從連接胸鰭處入刀,另一面也是相同位置,將魚頭切掉。

memo

為什麼叫「大名剖法」?

剖切竹筴魚或沙丁魚等小型魚類的方法。有較多肉殘留在魚骨,有點奢侈大氣的切法,而得到此名。

6 切離魚肉和魚骨

魚腹朝自己擺放,從頭部往尾端,菜刀沿骨頭上方將魚肉切離。

3 去除內臟

魚腹朝自己擺放,從頭部切口往腹部斜切,去除內臟。

3 全魚燒烤（不去頭尾）的處理方式

memo

處理好的魚要如何保存？

將處理好的魚擦乾、用保鮮膜包好，冷藏可保存2～3天。若要冷凍保存，先將魚肉一片一片過冰水後用保鮮膜包好，可保存2～3周。過冰水可以讓魚肉表面產生薄膜，以防氧化。

4 用水洗淨

於裝水的盆子，將魚腹內部、骨頭附近的血液充分洗淨。

GOAL!

5 擦掉水分
全魚燒烤處理完成！

水洗之後用廚房紙巾等擦乾。

1 去除稜鱗及鱗片

從尾端削掉側邊的稜鱗、去除鱗片，另一面也是相同作法。

2 去除魚鰓

打開鰓蓋，用刀尖插入扭轉一下，取出魚鰓。

3 取出內臟

在盛盤時朝下面的魚腹處劃刀，取出內臟。

5 魚背剖法　4 魚腹剖法

memo

....

魚腹剖法與魚背剖法用途的不同？

要從腹側入刀、還是魚背入刀剖開，可依魚種或用途決定。炸竹筴魚或天婦羅時，較適合魚腹剖法。蒲燒鰻魚或風乾的話，魚背剖法會比較適合。

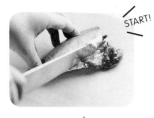

START!

1 去除頭部・內臟後清洗

同 P72 剖切方法的步驟 1～4，去除稜鱗、魚頭、內臟後清洗乾淨。

2 魚背入刀剖開

另一面也同樣從魚背入刀剖開。

2 魚腹入刀剖開

從魚腹入刀，沿著中骨朝尾巴剖開。

3 去除中骨

在連接魚尾的地方將中骨切除。

GOAL!

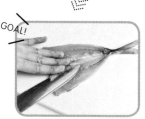

GOAL!

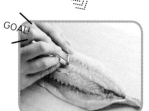

4 削去腹骨
魚背剖法完成！

將剖開的魚片垂直擺放，削去腹骨，用鑷子拔除尾鰭。

4 去除中骨・細刺
魚腹剖法完成！

將刀刃放進中骨和魚肉之間，以削切的方式去除中骨。腹骨和細刺用鑷子拔除。

6 徒手處理

大尾的沙丁魚用三片剖法處理

沙丁魚通常不使用菜刀，直接徒手處理較方便食用，優點是細刺也能同時去除。不過大尾的沙丁魚要當生魚片時，為避免魚肉散開，還是用三片剖法處理吧！

4 用手指沿著中骨掰開

用拇指沿著中骨，從頭部朝尾端向內壓，將魚身打開。

1 切掉頭部

從連接胸鰭處入刀，另一面也是相同位置，將魚頭切掉。

5 取出中骨

在連接魚尾處將中骨折斷，從尾端往頭部取下中骨。

2 去除內臟

切掉腹鰭，挖掉內臟。

6 削去腹骨
徒手處理完成！

菜刀靠著魚肉，打開魚片兩側，削掉腹骨。

3 水洗去腥

於裝滿水的盆子，將腹中及骨頭附近的血液洗淨，擦掉水分。

7 生魚片切法

鮪魚（紅肉）

平造切法（厚片）

將生魚片魚塊置於砧板前方，刀刃根部靠著魚塊，滑動刀刃切成寬 0.7～1cm。

角造切法（丁塊）

將生魚片魚塊切成切口呈正方形的長條，再切成邊長 2cm 骰子狀。

鯛魚（白肉）

削切成片

讓刀刃斜靠在魚肉，朝自己方向移動菜刀，將魚肉削片。

細剁竹筴魚

切細再剁碎

將剝好皮的竹筴魚，原本有皮的面朝上、切細，然後上下移動刀刃剁碎。

竹筴魚・沙丁魚

剝皮後去骨

將處理好的魚肉從頭部往尾端剝皮，用鑷子拔掉細刺，削切成片。

📎 **memo　為什麼魚肉要泡醋？**

此手法常用在處理竹筴魚、鯖魚或沙丁魚等青背魚時，利用醋讓蛋白質凝固，肉質會變得更緊實，也有利長期保存。先抹上鹽巴靜置，用鑷子拔除中骨後泡醋。剝皮等浸泡完成再處理。

8 魚粗^註的處理

memo

美味滿滿的海鮮清湯

不另外使用高湯，鮮味完全來自食材的海鮮清湯。鮮美好吃的秘訣是，將鯛魚的魚粗處理好，抹鹽靜置、燙過表面後，加入水中慢慢煮。

4 過水降溫

表面變白即可撈起，放進備好的冷水降溫。

GOAL!

5 去除魚鱗及黏液
魚粗處理完成！

邊換水邊清洗，洗掉魚鱗及黏液後瀝乾。

1 撒上鹽巴

取魚粗重量約3％的鹽巴，滿滿撒上。

2 靜置1小時左右

撒鹽靜置1小時左右，去除多餘水分及腥臭味。

3 用熱水燙過表面

鍋中加滿水煮沸後，放入魚粗燙一下。

^註魚頭、魚骨等剩下的部分。

9 烏賊的處理方式

GOAL!

START!

7 **剖開軀幹**
烏賊處理完成！

縱向下刀剖開軀幹，去除內側薄皮與髒汙。

4 **將內臟與觸腕切開**

從眼睛上方和內臟間入刀，將內臟與觸腕切開。

1 **將軀幹與觸腕分開**

將手指放進軀幹內，拉開連接內臟的筋膜，讓觸腕與軀幹分離。

memo

烏賊的保存

保存烏賊時，取出內臟和軟骨，水洗擦乾，於接近 0 度的冷藏凝冷室保存。

另外，將處理好的烏賊軀幹、三角鰭和觸腕分開，過冰水後冷凍保存也 OK。冷藏的 0 度凝冷室可保存 5 天，冷凍約 1 個月。

5 **取出眼珠及嘴部**

從雙眼之間縱向入刀剖開，取出眼珠及嘴部。

2 **拉出內臟與觸腕**

一手壓住軀幹，一手抓住觸腕拉出內臟，注意別弄破墨囊。

6 **將觸腕切下**

從連接觸腕處下刀，切下觸腕，切成一樣長。

3 **剝皮**

去除軀幹軟骨，水洗擦乾，拉住三角鰭取下，同時剝皮。

剝皮

STEP1

STEP2

剝皮

從拉除三角鰭之處，一併將
皮剝掉。

剝去薄皮

搭配使用乾布或廚房紙巾，
會較好剝除剩餘薄皮。

觸腕的處理

STEP1

STEP2

切成一樣長度

將兩條較長的觸腕，切成與
其他八條一樣長度。

切去吸盤

用菜刀切去吸盤和較硬處。

在軀幹表面劃刀

斜線劃刀

菜刀垂直砧板，於有皮的表
面劃出斜線刀痕。

格子狀劃刀

菜刀垂直砧板，於有皮的表
面劃出格子狀刀痕。也可以
讓刀刃稍微靠著表面，斜向
切入。

10 蝦子的處理方式

去除腸泥（有頭）

和頭部一起去除

先將頭部彎曲折下，同時將
連接的腸泥一併拉出。

去除腸泥（無頭）

用竹籤從背側挑起

先將蝦身彎曲，從背部用竹
籤挑出腸泥。帶殼蝦子則從
殼之間的縫隙挑出腸泥。

memo

蝦仁的腸泥

腸泥即腸子的部位，易
殘留腥味。最近的蝦仁
通常不帶腸泥，如果有
的話，記得要處理乾
淨！

剝殼

從頭部開始剝

把蝦頭扭掉，從蝦身前端足
部順著蝦身逆時鐘繞一圈剝
除蝦身前半，拿着前半的蝦
肉，招住蝦尾去殼。

炸天婦羅的處理方式（蝦尾去劍刺‧壓出水分）

 »

切掉尾部尖端及劍刺

切掉尾部尖端及劍刺。

壓出藏在尾部的水分

將尾部展開，用刀尖將水分
壓出，油炸時才不會噴濺。

劃刀

切斷腹部的筋

在腹部關節處劃上 3 ～ 4
刀，用手指壓住蝦背，將蝦
身拉直。

開腹

於腹部縱向劃一刀

腹部朝上擺放，從尾部朝頭
部的方向劃一刀。

memo

為什麼要先劃刀？

炸蝦或天婦羅時，為避
免蝦子捲曲起來，會先
在腹部關節劃上幾處刀
痕，蝦身受熱也不會捲
曲了。

11 貝類的處理方式

蛤蜊的處理

STEP1

浸泡於3%鹽水
泡在相近海水濃度3%鹽水中，蓋上報紙遮住光線，靜置3小時以上。

STEP2

吐沙後要搓洗
吐砂之後，要讓蛤蜊表面互相磨擦，搓洗乾淨。

蜆仔的處理

使用淡鹽水或清水
蜆仔從湖裡採集，所以要使用淡水，和蛤蜊相同方式處理。使用約1%的淡鹽水也OK。

清洗牡蠣

STEP1

在鹽水中擺動清洗
牡蠣皺褶處易積髒汙，要在鹽水中充分擺動清洗。

STEP2

擦去水分
使用廚房紙巾等將水分擦乾，尤其是要油炸時。

memo

利用白蘿蔔泥去黏性

白蘿蔔泥含有酵素可分解牡蠣表面蛋白質，去除黏性。另外，使用蘿蔔泥也不用擔心風味流失即可去汙。

清洗去殼貝肉

在水中擺動清洗
將去殼貝肉放入濾網，再放進裝滿水的盆子，讓貝肉在水中擺動，去除髒汙。

memo

吐沙時，鹽量有何差異？

蛤蜊和蜆仔棲息地不同，蜆仔在海水與淡水交界處，鹽分濃度約0.3～0.5%；蛤蜊則是棲息在3%的海水中。因此，調製比棲息環境濃度略高的鹽水，就能讓貝類吐沙。

12 螃蟹的處理方式

7 彎曲關節，拉出硬纖維

徒手將蟹腳中央關節彎曲，拉出長的硬纖維。

4 切除蟹腳

從連接蟹腳柔軟關節處下刀，仔細將蟹腳從蟹身切下。

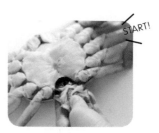

START!

1 取下腹部

將煮熟的螃蟹腹部朝上擺，徒手將腹部取下。

GOAL!

8 使用蟹剪
螃蟹處理完成！

用蟹剪剪開蟹腳尖端，較粗的部分剪兩刀，就可以剝殼了。

5 取出內臟等

去除蟹身的內臟及鰓等。

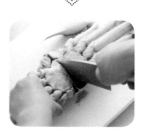

2 從腹側切入

用刀尖插進腹側正中央劃一刀，不要切破背甲。

memo
············
螃蟹的種類

提到日本食用蟹，大家一定會想到鱈場蟹、楚蟹、毛蟹等品種。另外，像松葉蟹、越前蟹等，是以捕獲場所來命名的！

6 將蟹身剖成兩半

從半邊的蟹身斷面中央再切一刀，掰開，取出蟹肉。

3 拉起蟹腳去掉背甲

抓著蟹腳往上拉，讓半邊蟹身整個與背甲分離。

84

生魚片的盤飾佐料

盤飾佐料不僅讓料理看起來鮮豔華麗，
也有去除腥味、增加口感變化等作用，讓生魚片更美味。

1 盤飾佐料

有時稱作「劍」（細絲狀）‧「端」（色彩鮮豔）‧
「辛香味」（提味增香），鋪在生魚片下方或
裝飾盤面，也有清口、助消化等作用。

白蘿蔔絲

搭配生魚片最基本的
「劍」，圓圓蓬蓬地擺
在魚片後方。

小黃瓜絲

盤飾佐料「端」的一種。
搭配生魚片一般用白蘿
蔔的「劍」，而小黃瓜
絲帶有翠綠能更添色彩。

防風

具有芹科植物的獨特香
氣與微淡辛辣味。圖片
中是碇防風。

食用菊花（小菊花）

小菊花有殺菌作用，還
能讓魚片看起來更鮮豔
華麗。

茗荷絲

茗荷縱切成半、去芯切
絲，再稍微浸水。

紫蘇花穗

即將要開花的紫蘇花
穗，帶點嫣紫的粉紅色
非常漂亮。

紅蓼

鮮豔的紫紅色不僅襯托
魚片，還能去除腥味。

赤芽紫蘇

香味濃郁，帶有微淡梅
子風味為其特徵。

紅蘿蔔捲片

將切成圓柱形的紅蘿
蔔，邊轉邊將外層削成較大
的薄片（桂削法），再
斜切成條狀，稍微浸水
後繞著筷子作出捲曲狀。

Q 切肉絲，不同作法差異為何？

B 順著肌纖維方向切

<切法>
順著肌肉紋理切成細條（順紋切）。

炒一炒

OK!

炒過也不變形，維持完整的形狀。

＼ 有嚼勁口感佳，看起來好好吃！ ／

A 會切斷肌纖維方向切

<切法>
垂直肌肉紋理切成細條（逆紋切）。

炒一炒

OK!

講究視覺度

拌炒的過程中有些肉絲散掉了。

△

＼ 雖然看起來鬆散，但口感柔軟！ ／

肌纖維有硬度，依料理及食用者年齡改變切法

肉類如同蔬菜也有纖維走向，肉類纖維長且硬，記得依烹調方式及食用者年齡改變切法。像青椒肉絲等需要細肉絲時，就順肌纖維方向切，炒過也能維持完整形狀。若是要給小孩或老人食用，就以切斷纖維方向切，肉質會比較柔軟好吞嚥。

Q

肝臟放血，不同作法差異為何？

B 浸泡足量清水

<作法>
肝臟清洗後，浸泡足量清水。

10分鐘後

OK!

步驟簡便

幾乎沒有腥味。

／ 浸泡清水
就能去腥味了！ ＼

A 浸泡牛奶

<作法>
肝臟清洗後，浸泡牛奶。

10分鐘後

OK!

△

肝臟特有的氣味消失了。

／ 雖可去腥味，不過效果
和清水似乎差不多…… ＼

**去除肝臟腥臭味，
浸泡清水即可**

肝臟水洗就能去除腥味，若無法接受肝臟特殊氣味的話，那就要徹底做好食材處理。以前作法多是浸泡牛奶，但最近市售肝臟的新鮮度大為提升，只要浸泡清水效果就很好了。

肉類的
食材處理

食用劃上切口，更容易

其他
處理方式

肝臟放血
肝臟會於烹調前浸泡放血，去除腥臭味。

斷筋
筋質受熱收縮會使肉塊捲曲，所以會先劃上幾處切口。

從中央切成兩瓣
為使較厚的雞胸肉等更好熟透，有時會從中央切成薄的兩瓣（連接處不切開）。

目的

① 軟化肉質，更好食用
從切斷肌纖維方向切，可使肉質變軟。

② 縮短加熱時間，防止捲縮
捶打肉塊可防止捲縮，表皮開孔則能提高受熱效率。

柔軟肉質
去除腥味

肉類的食材處理大致有斷筋、劃切口、表面開孔等，不像魚類那麼繁複。想柔軟肉質的話，就用垂直纖維方式切肉。另外，像炸豬排等厚切肉塊，可用刀背先捶打斷筋，加熱時更好熟透，同時還能防止烹調過程中捲曲變形。肝臟只要處理好，就不會出現腥臭味。

88

切斷肌纖維及膠原蛋白筋質

認識肉類蛋白質
食材處理讓肉質柔軟易食

肉類有些部位有較多肌纖維或肌肉聚集成的結締組織，吃起來較硬。為讓肉質吃起來軟嫩，需在烹調前做些處理，例如使用刀背或肉錘捶打肉塊破壞組織，讓肉質變軟、方便食用。

切斷肌纖維與膠原蛋白筋質

從垂直肌纖維方向切肉	切斷筋質	使用肉錘

垂直肌纖維方向切的話，肉質比較易煮軟，但形狀可能會散開。	防止加熱收縮引起捲曲。厚切肉塊先劃上4～5處刀痕，即可達到效果。	使用肉錘捶打肉塊，破壞肌纖維及結締組織，能讓肉質變得柔軟。

肝臟放血用清水即可

不用牛奶，也可去腥

肝臟的腥味來源主要是內部殘留的血液及膽汁。先切成小塊，再放進流動或大量清水中洗淨，記得要多換幾次水！

浸泡於大量水中5～10分鐘，輕輕洗掉血液和髒汙。

1 肉類的處理

肉類藉由去除多餘皮脂、斷筋等準備動作，讓烹調時得心應手。

另外，搭配不同料理在切法下功夫，也能讓口感有更多變化。

雞肉

去除多餘脂肪

黃色脂肪是腥臭味來源之一，以削切的方式去除。

去除多餘表皮

仔細去除多餘的皮、軟骨及白色筋膜。

表皮開洞

用叉子在表皮刺幾個洞，提高加熱效率，還能防止收縮過度。

另一面也開洞

另一面也是相同作法，孔洞可以提高受熱效率，也更好入味。

去除里肌的筋膜

沿著筋膜劃一刀，用刀抵住雞肉，另一手拉住筋膜，撕除。

memo

表面作出孔洞的理由

用叉子在表面刺一些孔洞，可讓雞肉好熟透易入味，也可防止過度收縮及表面翻捲。

豬肉・牛肉

捶打①

捶打②

切斷筋質

於豬肉的紅肉與脂肪間劃上刀痕,把筋切斷。肉塊較厚的話,兩面都要處理。

用刀背捶打

用刀背輕輕把肉塊捶平,防止收縮,也更好熟透。

用肉錘捶打

肉錘有重量,表面積大,能夠輕鬆斷筋,用瓶子代替也可以。

memo

筋質的主要成分是?

筋質是較硬的纖維狀蛋白質,主要成分為膠原蛋白。膠原蛋白遇熱會收縮,所以烹煮前要先斷筋。

切斷筋質

於牛肉的紅肉與脂肪間劃上刀痕,把筋切斷,防止受熱收縮捲曲。

牛排肉要先回復室溫

先置於室溫 30 分鐘左右。讓表面與內部的溫差消失,烹調時才會均勻受熱。

memo

肉類的肌纖維和結締組織

肉類是由細胞的肌纖維,和集結肌纖維的結締組織膜所形成的。結締組織主要成分為膠原蛋白,含量越多肉質就越硬。肌纖維則有粗有細,使肉呈現不同質地。肌纖維較粗的話,筋質也較多,紋理就比較粗;肌纖維細的話,紋理較細緻,與動物本身運動量有關。

2 切肉

雞肉

切成 3cm 丁塊

皮面朝下切成一口大小的 3cm 丁塊。適合炸雞塊或雞肉鍋等。

雞胸肉斜切成片

刀靠著肉,由外側朝自己方向斜削成片,可增加表面積,提高受熱效率。

memo

切的時候皮面在下

切雞肉時皮面在上的話,不僅難操作,還常切得皮肉分離。所以切帶皮雞肉時,記得皮面在下!

切薄肉片

切成 3mm 寬

將肉片輕輕攤平,切成約 3mm 寬片。適合搭配青菜拌炒或燉煮等。

切條

從側邊開始切成 6～7mm 細條。適合快炒,如青椒肉絲等。

memo

從側邊攤開再切

肉片常因切法不恰當而散開。買來摺疊好的肉片,從側邊展開攤平再切,就能切得漂亮。

切厚肉片

切成 1cm 寬

厚切里肌肉從垂直肌纖維方向切成 1cm 寬,適合快炒。

切肉塊

對半切

整塊無法放進鍋子時,可大致先切成兩半。適合水煮或煎烤等。

切成 2cm 寬

從側邊開始切成約 2cm 寬,適合焢肉或是東坡肉等燉煮料理。

3 內臟的食材處理

雞胗（砂囊）	肝臟

4 **切去雞皮**	1 **將雞胗切成兩半**	1 **將肝臟切小**
切離筋膜和肉，另一半也用將肉削起的方式和皮切離。	將雞胗從正中央切成兩半。	配合料理切成適當大小。切成 5mm 左右薄片較好料理。

5 雞胗的食材處理完成！	2 **對半縱切**	2 **浸水**
筋膜（左）切細適合燉煮；肉（右）適合煎炒。	於隆起處縱切成兩半。	肝臟切好放進足量水中，浸泡 5 ～ 10 分鐘，放血去腥。

3 **從外層筋膜的邊緣入刀**	3 **去除髒汙**
從外層筋膜的邊緣入刀，以斜削的方式將內部的肉切起。	如殘留血塊髒汙，要仔細清洗乾淨。

Q 整塊肉汆燙，哪種作法才正確？

B 水滾再放進去煮

＜作法＞
將豬肉與辛香蔬菜放進滾水中，煮約40分鐘。

煮40分鐘
馬上撈
起瀝乾

NG!

水分流失，表面乾柴。 ✕

＼柴柴的，又乾又硬……／

A 和冷水一起從頭煮

＜作法＞
將豬肉與辛香蔬菜一起放進冷水中煮40分鐘左右。

煮40分鐘
直接浸在
湯汁冷卻

OK!

口感佳

表面飽滿有彈性。

＼柔嫩、多汁！／

從冷水緩緩加熱，防止肉質收縮

燙煮肉塊時，以稍弱中火從冷水慢慢加熱，直到內部完全熟透。火侯太大表面急速收縮，會使肉質變硬。煮好後直接浸在湯汁裡降溫。溫度下降的同時，一邊吸收湯汁保持水分，才不至於收縮過度。另外，要多加留意煮太久肉質也會變硬！

Q 肉片汆燙，哪種作法才正確？

A 用大火，一口氣燙熟

<作法>
於沸騰冒泡的滾水汆燙。

1～2分鐘後

NG!

肉質收縮，吃起來乾乾柴柴的。

╱ 肉汁流失，又乾又硬！ ╲

B 用小火，輕輕涮一下

<作法>
於小火沸騰的水輕涮一下。

1～2分鐘後

OK!

口感佳

柔軟Q彈的口感。

╱ 肉汁飽滿，口感柔嫩！ ╲

小火沸騰滾水，輕輕涮一下

肉類的蛋白質於65℃開始凝固，湯汁溫度一高，肌纖維瞬間收縮，肉汁也隨之流失。用小火加熱滾水，輕涮一下就好。湯汁溫度維持在較低的65℃，收縮會較為和緩，維持肉質柔嫩。另外，製作涼拌肉片時，浸泡冰水太久肉質也會變硬，稍微過冰水即可。

Q 鮪魚汆燙，哪種作法才正確？

B 水煮1分鐘

＜作法＞
放進滾水，煮到內部熟透。

1分鐘後

NG!

煮過頭，內部都變成白色了。

×

／乾澀，
／鮮味流失……

A 過一下滾水

＜作法＞
過一下滾水，表面變白即可。

20秒後

OK!

表面是白色，內部呈現肉紅色。

美味好吃

／內部維持生嫩，\
留住美味！

燙一下滾水，封住美味

鮪魚不同於鱈魚或鯛魚，不適合煮到全熟。煮過頭的話，肉質會變得乾硬，鮮味也會流失。因此，想品嘗肉質鮮嫩的鮪魚，只將表面稍微燙過才是理想的處理方式。變得密實的外層將美味鎖住，外層白斷面紅的對比呈現，不僅美觀，口感上也比全生更有層次。

Q 烏賊汆燙，哪種作法才正確？

B 水煮 10分鐘

＜作法＞
於滾水中煮到全熟。

10分鐘後

NG!

×

煮太久過度收縮，顏色完全改變。

╲ 很硬，咬不斷…… ╱

A 水煮 1～2分鐘

＜作法＞
短時間燙一下。

1～2分鐘後

OK!

口感佳

煮好稍微過冰水，充分瀝乾。

╱ 柔軟，好吃！ ╲

表面稍微燙熟，內部半生半熟最好吃

原則上花枝或章魚加熱時間要短，煮過頭肉質會過度收縮，口感會變得跟橡皮筋一樣。燙一下、表面開始變色就關火，食用時中間仍為半生狀態。煮好稍微過冰水，防止餘熱讓肉質繼續收縮。記得要充分瀝乾，才不會影響風味。

肉類・海鮮
汆燙

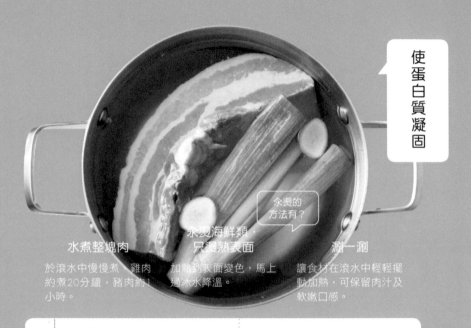

使蛋白質凝固

汆燙的
方法有？

水煮整塊肉

於滾水中慢慢煮，雞肉
約煮20分鐘，豬肉約1
小時。

汆燙海鮮類，
只燙熟表面

加熱到表面變色，馬上
過冰水降溫。

涮一涮

讓食材在滾水中輕輕擺
動加熱，可保留肉汁及
軟嫩口感。

目的

① 使蛋白質凝固

味道、口感及風味產生變化，更
加美味可口。

② 去除多餘油脂的
雜味成分

去除多餘油脂和影響口味的雜味
成分。

**煮熟食材的同時
去除油脂及雜質**

汆燙肉類或海鮮類時，
油脂及雜質會浮出湯面。這
些多為蛋白質成分，透過加
熱凝固，變成白色泡沫狀物
質浮出，多到一個量就要撈
掉。火侯太大雜質會被煮散
於湯汁中，所以使用和緩火
侯（85～90℃）慢慢加熱很
重要。另外，豬肉有寄生蟲
疑慮應要煮到全熟。

認識肉類‧海鮮類的蛋白質

烹調前準備讓料理更好入口

肉類及海鮮的蛋白質凝固溫度各有不同，肉類為65℃，海鮮類介於40～60℃。若烹調肉類時火侯太強，肌纖維快速收縮會讓肉汁流失，建議以低溫慢慢烹煮。海鮮類要用比肉類更低的溫度，尤其是花枝或章魚煮過頭會變很硬，口感差。

肉類‧海鮮類的凝固溫度

肉類 （牛‧豬‧雞）	魚 （青魽‧鯖魚）	海鮮類 （花枝‧章魚）
65℃	40～60℃	40～60℃

煮出柔嫩肉質的祕訣

和緩地加熱	用熱水 稍微燙過	整塊肉 要浸在湯汁降溫

秘訣在於慢慢加熱，避免鍋內湯汁劇烈翻騰。

海鮮料理或涮涮鍋的話，稍微過一下湯汁，讓表面變色即可。

直接浸在湯汁裡降溫，可防止肉質快速收縮，保持水嫩口感。

1 汆燙肉類

雞肉（和風水煮雞）

STEP1

加入水和昆布，開大火

在鍋內放入雞肉、昆布及大約淹過食材的水，開大火。

STEP2

邊撈去浮出的雜質，煮20分鐘

沸騰後轉小火，邊撈起浮出的雜質，煮 20 分鐘左右。

STEP3

直接整鍋放涼

雞肉煮好不取出，直接整鍋靜置放涼。

📎 memo

湯汁可別丟掉

湯汁含有昆布高湯及肉汁，可煮成美味湯品。先放涼之後，撈掉表面凝固油脂，用網子濾過再使用。

一整塊豬肉（水煮豬肉）

從冷水開始煮

於鍋中放入豬肉、約淹過食材的水、薑及大蔥的綠色段，煮 1 小時左右。

豬肉片

稍微過一下熱水

於快要沸騰時（90℃）加入肉片，待表面變色就馬上撈起。

汆燙有多種處理方式，在備料時先燙熟，涮一涮，或只燙表面等，把適合食材與料理的作法記起來吧！

2 氽燙海鮮類

魚

使表面凝固

淋上熱水，讓表面凝固。風味不流失，還能享受雙重口感。

只燙表面

將魚肉放進熱水燙一下，去除黏液及腥臭味。

memo

什麼是「湯引」？

所謂「湯引」指的是將肉類或魚類放進熱水稍微燙過，去除表面油脂及腥臭味的作法。

烏賊

STEP1

切好再燙

切成圓圈狀或適合料理大小，再放進滾水中。

STEP2

稍微燙一下就好

烏賊煮太久會變硬，約煮1～2分鐘即可取出。

memo

冷凍烏賊可以直接煮

冷凍烏賊一般沖水即可解凍，其實冷凍狀態也能直接燙煮。要注意煮過頭會變很硬。

蝦子

帶殼直接氽燙

蝦肉非常容易收縮，去除腸泥後，不要剝殼直接氽燙。

用竹籤串起來燙

搭配料理會讓蝦背彎曲或伸直，用竹籤串起來固定形狀再燙。

memo

為何要帶殼氽燙？

帶殼蝦子直接氽燙可緩和肉質收縮，燙好後殼也較易剝除。要注意煮過頭肉質會變硬。

Q

豆腐去水，不同作法差異為何？

B 放進熱水煮

＜作法＞
將豆腐用手分成適當大小，放進滾水煮3分鐘，撈起瀝乾。

 3分鐘

OK!

步驟簡單

充分去水的狀態。

／約去除70g水分。＼

A 用布包住，加壓

＜作法＞
用布或廚房紙巾包住豆腐，上面放東西壓住（不壓碎豆腐的程度）。

放置30分鐘～1小時

OK!

口感佳

維持完整的形狀，去水完成。

／約壓出50g水分！＼

配合料理種類，改變去水作法

豆腐去水是為了防止滲出水分影響料理，稀釋調味。

用乾淨的布包住豆腐，上面放重物加壓去水，也許要花點時間，但能夠突顯豆腐滑順口感，很適合芝麻豆腐醬的涼拌。另一種用熱水燙的方式，雖然會流失些許風味，但是想節省時間或是製作團體膳食時，就常採用此作法。

Q 處理油豆腐皮，不同作法差異為何？

B 不去油分 直接使用

<作法>
將油豆腐皮直接切小片，放進味噌湯裡。

加進味噌湯

OK!

撈掉浮出的油分，也能吃得健康。

步驟簡單

╱ 雖然油分會浮出， ╲
但湯汁濃郁。

A 先去油 再使用

<作法>
先用熱水淋過，去除油分再切小片。

加進味噌湯

OK!

去除油分，吃得更健康。

△

╱ 風味清爽！ ╲

如果不喜歡油味，熱水淋過再料理

油豆腐皮在烹煮前去油是一直以來的作法，那是因為從前的油豆腐皮都是使用舊油製作的關係。現在都是用新鮮的油，因此沒有必要特別去油。若不希望湯面有浮出油脂，還是可以淋一下熱水。稻荷壽司（豆皮壽司）用的豆皮要煮到柔軟入味，所以需要先燙過去油。

豆類・豆製品的
食材處理

去除水分及影響口味的成分，更容易食用

不同處理方式

煮熟豆子

食材處理先將黃豆、紅豆、黑豆等乾燥過的豆子煮軟、煮熟。

豆腐去水

用布包住豆腐以重物加壓，或分小塊用熱水燙過，都能去除水分。

油豆腐皮去油

用熱水均勻淋在油豆腐皮表面，或使用廚房紙巾將油分吸出。

目的

① 先將豆子煮軟

黃豆或紅豆經水煮方式軟化，同時去除影響口味的雜質。

② 去除水分方便烹調

豆腐中水分約占90%，製作和風豆腐醬涼拌時，如果不去水調味就會被滲出水分稀釋。

豆類泡發再煮，豆腐要先去水

乾貨的黃豆或黑豆通常要先浸泡，讓豆子吸飽水分再煮，不過像紅豆、小扁豆或白花豆就不必吸水直接煮。

煮白芸豆與黃豆時會浮出較多泡沫雜質，要仔細撈除。

另外，黑豆的大豆球蛋白具溶於鹽水的特性，浸泡時加點醬油，泡好直接一起煮，可縮短加熱時間。

去水、去油的必要性

想像料理完成度做好食材處理

豆腐或油豆腐皮依料理種類不同，有時需要去水或去油。煎炒豆腐時，充分去水就很重要，滲出水分會稀釋調味。原則上，油豆腐或豆腐皮不需去油，但製作稻荷壽司時，先去油可讓豆皮煮得更加柔軟入味。

豆腐去水的作法	用紙巾包著 夾在砧板間	用手分成小塊 放在濾網瀝乾	放進滾水燙
	用廚房紙巾或布包住，夾在兩塊砧板間，靜置30分鐘～1小時，約可去除50%水分。	將豆腐用手分成小塊，在濾網靜置20分鐘左右，料理完成豆腐還能保有水嫩度。	將豆腐用手分成小塊放進滾水，燙3分鐘左右即撈起。另外，微波加熱3分鐘左右也OK。
料理	煎豆腐 煎豆腐排 等	滷豆腐 火鍋 等	和風豆腐醬涼拌 什錦炒苦瓜 等

到底要不要去油？

煮味噌湯

不用！

煮味噌湯時不需去油。會有少許油脂浮出，依個人喜好撈掉或留下。

香煎

不用！

不去油直接料理，煎起來更香，煎的時候不需再加油。

燉滷

需要！

稻荷壽司用的油豆腐皮，去油才能滷得柔軟入味。

豆類・豆製品篇

1 水煮豆子

黃豆

STEP1

水煮浸泡好的大豆

大豆吸飽水分，連同浸泡的水一起用大火煮，沸騰後調小火侯。

»

STEP2

撈掉泡沫雜質

以小火維持不噴濺溢出的狀態，邊撈掉泡沫雜質，煮40分鐘～1小時。

»

»

STEP3

適時加水

讓湯汁維持在可淹過豆子的高度，適時加水。

小扁豆

不浸泡直接用熱水煮

不必浸泡。稍微水洗，用約豆子量3倍的熱水煮15分鐘左右。

紅豆

不浸泡直接煮

鍋中放入紅豆及約淹過豆子的水，開大火。沸騰後將火轉小。

沒有必要

不必倒掉最初的湯汁

紅豆沒什麼雜味，倒掉最初的湯汁反而會流失風味。

106

2 豆腐去水

去水①

STEP1

用廚房紙巾包住

用乾的廚房紙巾或布,包住豆腐。

STEP2

上面放東西加壓

將豆腐放在淺盤,上面放約豆腐重量 2 倍的物品,靜置 30 分鐘～1 小時。

去水②

用手分成小塊放在濾網

於調理碗放上濾網,將豆腐用手分成小塊放入,靜置 20 分鐘左右。

去水③

STEP1

水煮

將豆腐用手分成小塊放進滾水,煮 3 分鐘左右。

STEP2

撈起瀝乾

撈起,靜置 10 分鐘左右,瀝乾。

去水④

使用微波爐

用乾的廚房紙巾包住豆腐,於耐熱容器中微波加熱 3 分鐘左右。

memo

豆腐種類與用法

豆腐有用豆漿加入凝固劑製成的嫩豆腐,也有將加了凝固劑的豆漿倒進鋪著棉布板模製成的板豆腐。涼拌或味噌湯就用滑順口感的嫩豆腐;煎豆腐或什錦炒苦瓜的話,就適合豆香味濃、口感密實的板豆腐。記得先去水再烹調!

3 豆腐・油豆腐皮的切法

切成四塊

縱橫切半

將豆腐縱切對半,再橫切對半,可作涼拌、豆腐湯等。

2cm豆腐丁

STEP1

厚度切半

讓刀平行桌面,將豆腐切成原本厚度的一半。

STEP2

切成 2cm 丁塊

縱向切成 3 等份,再從旁邊開始切成 2cm 丁塊,可作麻婆豆腐等。

1cm豆腐丁

STEP1

厚度切半

讓刀平行桌面,將豆腐切成原本厚度的一半。若較厚的豆腐則切成 3 等份。

STEP2

切成 1cm 寬的長條

從旁邊開始切成 1cm 寬的長條。

STEP3

切成 1cm 丁塊

改變豆腐放置方向,排整齊後從旁邊開始切成 1cm 丁塊,可作味噌湯等。

油豆腐皮(切成小長方條)

STEP1

縱切對半

將油豆腐擺直,縱向切成兩半。

STEP2

切成 1cm 寬

將兩片油豆腐皮疊起來,擺成橫向,從一側開始切成約 1cm 寬的長方條。

memo

如何打開油豆腐皮

製作稻荷壽司或火鍋料的豆皮包時,會將油豆腐皮打開成袋狀,先用筷子在表面滾一滾,就能開得好看。

1 雞蛋處理技巧

雞蛋使用前，要先從冰箱取出回復室溫。

先來學習美味雞蛋料理的準備步驟吧！

取出白色繫帶

用筷子取出白色繫帶

如果介意影響口感或觀感，可用筷子挑出。當然食用也沒問題。

將蛋黃和蛋白分開

利用蛋殼操作

在調理碗上方將蛋打成兩半，儘量讓蛋白流下、蛋黃留在半邊殼裡。

將蛋打散

製作歐姆蛋時

將蛋打入調理碗，邊打進空氣攪拌蛋液。

製作日式玉子燒時

讓筷尖碰到碗底，前後左右移動，切斷蛋白避免打發。

📎

memo

利用雞蛋特性做料理

雞蛋具發泡性、熱凝固性，及乳化性等。製作蛋白霜餅時容易打發的現象即發泡性；布丁製作過程中遇熱凝固的性質，便是熱凝固性；而乳化性則是在製作美乃滋時，幫助水油融合成為乳液狀的作用。

為什麼蛋白或鮮奶油可以打發？

　　攪拌蛋白就能生成泡沫薄膜，這是因為球蛋白發生了變性作用，包裹空氣而形成。蛋白是由清澈的稀蛋白與具彈性的濃蛋白構成，稀蛋白黏性低，容易打發。雞蛋會隨時間由濃蛋白轉化為稀蛋白，因此新鮮的蛋反而不易打發。另外，鮮奶油乳脂肪含量要在35～40％以上才能打發，鮮奶油有水分與乳脂肪散布其中，經由攪拌使乳脂肪相互碰撞而聚集，黏度增加而成為霜狀。

蛋白打發成蛋白霜

鮮奶油打發成鮮奶油霜

PART

3

料理科學的
基礎與新常識

烹調方式能夠大幅提升食材的美味度，活用食材及調味料特色，以科學根據作為基礎，認識各種調理法和有趣的新常識吧！

Q 芝麻涼拌，哪種作法才正確？

B 要吃的時候再拌醬料

＜作法＞
要吃時再將芝麻醬料拌入燙好的菠菜。

1分鐘後

OK!

調和入味

菠菜水分飽滿，味道也很融入。

╲ 醬料均勻沾裹蔬菜 ╱

A 食用前30分鐘先拌好

＜作法＞
食用前將芝麻醬料拌入燙好的菠菜。

30分鐘後

NG!

菠菜變得太軟，味道很淡。

╲ 菠菜脫出水分，醬料變稀！ ╱

×

菠菜脫出水分，稀釋芝麻風味

涼拌芝麻醬與菠菜等非常對味，但放久易脫出水分，醬汁滲透進菠菜組織，而讓口感失去層次，無法享受醬料與蔬菜的雙重風味。好吃的秘訣在於擰掉菠菜水分，要吃的時候再拌入醬料。

B　放涼了再拌

<作法>
食材和醬料都放涼，等要吃時
再混合。

5分鐘後

OK!

沒有多餘水分，食材都已
入味。

口感佳

╱　口感滑順好吃！　╲

A　趁熱拌勻

<作法>
趁熱將食材和醬料拌勻。

5分鐘後

NG!

食材和醬料都沒有味道。

╱　豆腐白醬稀稀　╲
水水的……

×

Q
和風豆腐白醬涼拌，哪種作法才正確？

**材料完全降溫，
減少水分滲出**

　為讓食材能夠與豆腐白醬均勻混合入味，青菜、菇類、根菜類等在涼拌前要先燙熟軟化組織。涼拌菜放久會出水，所以標準作法是等食材完全降溫，等要吃時再混合。食材尚有餘熱就攪拌混合的話，一定會出水影響食材風味。

Q 醋香涼拌，哪種作法才正確？

B 將調味料依序加入

＜作法＞
將醋、砂糖、醬油等調味料依序加入。

⋁⋁⋁ 5分鐘後

NG!

吃到不同調味料個別的味道。

╱ 調味不均勻…… ╲

A 將調味料混和再加入

＜作法＞
將調味料混和成涼拌醋，再拌入食材。

⋁⋁⋁ 5分鐘後

OK!

調和入味

調味均勻滲透，襯托食材風味。

╱ 均勻入味真好吃！ ╲

調味料要先混和均勻

醋香涼拌的基本作法，一樣是要食用時才將醬汁拌入。食材中的小黃瓜先抹鹽脫水，調味料更好滲透。

醬汁記得先混和再使用，一種一種分別加入會使味道不均勻，尤其醋滲透快，調味容易太酸。

Q 生菜沙拉，哪種作法才正確？

D 先用油拌好，再加調味料

<作法>
先將油和食材拌勻，再依序加入鹽、醋、胡椒輕拌。

 5分鐘後

OK!

口感佳

生菜多汁，口感鮮脆。

／過一會兒＼
依然清脆好吃！

C 先將調味料拌入，油最後加入

<作法>
依序加入鹽、醋、胡椒與食材拌勻，最後加入油。

5分鐘後

NG!

×

生菜變得濕軟，沒有味道。

／生菜脫水，＼
濕答答的……

先將油拌入，防止出水稀釋風味

生菜沙拉記得要吃時再拌入調味料。雖然有各種口味豐富的沙拉醬，但也推薦加入鹽、醋及胡椒最簡單的吃法。製作重點在於先將油拌入，油脂包裹生菜表面能減少鹽分滲透壓所引起的出水，來保留生菜清脆口感。

增強料理功力①
涼拌

將食材完全放涼，與調味醬汁或醬料輕拌混和

適用①的料理

醋香涼拌
和風燙青菜
生菜沙拉
等等

芝麻涼拌
和風豆腐白醬涼拌
醋香味噌涼拌
等等

適用②的料理

種類	① 使用液體調味料	② 使用含有細碎食材的醬料
	主要是調好的涼拌醋、高湯或沙拉醬汁等液體調味料。	使用加有芝麻、豆腐泥、梅子泥及碎核桃等，具口感的醬料。

讓調味醬汁或醬料沾裹食材表面

通常使用調味醬汁或醬料與蔬菜類食材輕拌混合的料理，就稱為「涼拌料理」。

涼拌料理又分成像醋香涼拌或生菜沙拉等使用調味醬汁的和使用加了味噌、芝麻、豆腐泥、梅子泥等含有食材的醬料。共通點是食材與醬汁或醬料分別製作，最後才拌在一起。

混和食材與醬料
記得要先放涼

涼拌、沙拉的作法
基本原則都一樣

涼拌的食材及某些醬料，需要預先燙熟，重點是要完全降溫，去除多餘水分。不過就算充分去除水分了，拌好後放置一段時間還是會出水，因此要吃時才將食材與醬料混合。此外，風味濃郁的食材搭配清爽調味醬料；口味清淡的食材搭配較香濃調味醬料，就能做出好吃的涼拌料理。

> 每一道都適用

涼拌好吃的秘訣

POINT 1 充分降溫之後
才將食材與醬料拌勻

食材與醬料要充分降溫，維持口感及調味的爽口度。

POINT 2 水分要充分瀝乾
或者擰乾

食材和某些醬料放置一段時間後就會出水，所以蔬菜汆燙後殘留的水分要處理好。

POINT 3 從底部往上方翻拌

不要拌碎燙好的食材，建議使用木勺從底部往上方輕輕翻拌。

POINT 4 涼拌時機是
要食用的時候

拌好放置一段時間就會出水影響口感風味，原則上是要吃的時候再混合。

1 芝麻拌四季豆

芝麻涼拌的製作重點，在於如何降低食材出水、徹底引出芝麻的香氣。記得要吃時再將食材和醬料拌勻。

recipe:

材料（2人份）
四季豆…100g
白芝麻…1／2大匙
砂糖…1小匙
醬油…略多於1大匙
高湯…略多於1大匙

作法
① 四季豆去蒂，以大火蒸煮3～4分鐘，切成3等份。
② 加熱平底鍋，煎炒芝麻。
③ 芝麻炒好放進研磨缽磨碎，加入砂糖、醬油再稍微磨一下，加入高湯混和。
④ 要吃時再加入燙好的四季豆拌勻。

充滿香氣的芝麻涼拌料理秘訣

①	②	③
芝麻先炒過	使用研磨棒	要吃的時候再拌

①
提高香氣，油脂也容易釋放！
芝麻炒過口感會變得Q彈，香氣大增。不過要注意別炒得太焦！

②
能保留顆粒，也能磨得細緻
芝麻炒過再用研磨棒磨碎，香味更突顯，也較好消化。若想簡化步驟，也可直接用白芝麻醬1小匙，來取代芝麻1大匙。

③
防止出水，維持風味濃郁
涼拌蔬菜放置一段時間通常會出水，要吃時再拌能減少蔬菜水分滲出。

2 豆腐白醬拌山茼蒿

豆腐白醬和蔬菜拌好後，要注意別讓食材出水影響風味，做出鬆綿的豆腐白醬是美味關鍵。

recipe:

材料（2 人份）
紅蘿蔔（切絲）…50g
蒟蒻（切絲）…1／2塊
乾燥香菇…3朵
A（高湯…1杯 酒．砂糖…各2大匙
　淡口醬油…1大匙）
醬料（板豆腐…1／2塊
　　　白芝麻醬…2小匙）
B（砂糖…1大匙 酒…1／2大匙
　淡口醬油…1／2～1小匙
　鹽…1／4小匙）
山茼蒿…50g

作法
① 乾燥香菇浸水泡發，切薄片。
② 於鍋中放入A煮到沸騰，再將紅蘿蔔、蒟蒻、①加入煮熟後關火，放涼備用。
③ 豆腐切塊燙好，瀝乾放涼，接著用布包住擰出水分。
④ 於研磨缽中放入白芝麻醬、③的豆腐，邊磨碎邊混和，等豆腐變得滑細再加入B混和，最後與瀝乾湯汁的②輕拌均勻。
⑤ 要吃時再加入燙好的山茼蒿拌勻。

鬆綿滑嫩涼拌豆腐白醬的料理秘訣

① 先將食材煮軟

**食材和醬料
更好拌勻入味！**

食材要先煮軟，這樣醬料會更好拌勻入味。記得食材煮好要完全降溫再使用。

② 豆腐燙過後充分擰掉水分

**擰乾得有點過頭
才好吃！**

豆腐約含90％水分，涼拌過程出水會稀釋風味影響口感，所以豆腐煮好要用布包住充分把水擰掉。

③ 使用研磨缽混和醬料

**不用篩網
也能滑順好吃！**

去水後的豆腐泥不需要過篩網，用研磨缽充分磨細混和就OK。記得醬料和食材燙好要完全降溫再使用！

3 醋拌黃瓜海帶芽

由於加了醋，因此水分控制會影響風味口感，一起來學會減少出水的作法！

---

recipe:

材料（2人份）
小黃瓜…2 條
新鮮海帶芽…30g
魩仔魚乾…20g
涼拌醋汁
A ┌ 醋…略多於 1 大匙
  │ 砂糖…1/2 ～ 1 又 1/2 小匙
  │ ※ 依個人喜好添加
  └ 醬油…1 小匙

作法
① 小黃瓜切片，撒上鹽 1 小匙、水 2 大匙（材料份量外），混和靜置 10 分鐘左右。
② 海帶芽清洗後過熱水，切成 2cm 寬，瀝乾。
③ 魩仔魚乾用熱水淋過，瀝乾。
④ 小黃瓜用水淋過，充分擰乾。
⑤ 於調理碗中放入②～④混和，最後將A拌入。

酸溜夠味醋香涼拌的料理秘訣

 撒鹽

 去除水分後再拌醋

 要吃的時候再拌

利用滲透壓逼出水分

將小黃瓜撒鹽泡在少量水中，水分將鹽溶化，加快鹽水中小黃瓜脫水速度。

趁失去水分的空檔拌醋

小黃瓜擰乾水分，與海帶芽、魩仔魚乾一起放進調理碗，加醋拌勻。趁著小黃瓜脫水空檔，讓醋汁滲透入味。

拌好沒有馬上吃很快又開始出水

蔬菜就算已經去水，與醋涼拌後，還是會出水而稀釋調味。醋汁和蔬菜的味道同化，顯不出層次，無法襯托食材風味。

4 生菜沙拉

吃生菜沙拉可以享受新鮮蔬菜水分飽滿的清脆口感，而如何防止水份滲出、維持脆度是有秘訣的。

---

recipe:

材料（2 人份）
萵苣…小 1 ／ 2 個
沙拉生菜…1 ／ 2 個
水芹菜…2 株
小黃瓜…1 根
沙拉醬
┌ 鹽…略少於 1 ／ 6 小匙
│ 醋…1 大匙
│ 胡椒…少許
└ 沙拉油…2 又 1 ／ 2 大匙

作法
① 萵苣、沙拉生菜、水芹菜先浸泡冰水讓口感更脆，然後擦去水分，撕成一口大小。
② 小黃瓜切成 3mm 厚圓片，放進調理碗和①的蔬菜混和。
③ 淋上沙拉油拌勻，再依序加入鹽、醋、胡椒，每加一種調味料就拌一下，讓整體均勻入味。

> 清脆水嫩生菜沙拉的料理秘訣

葉菜類要浸泡冰水

**讓蔬菜充分吸水，
口感更清脆**

葉菜類浸泡冰水的話，每個細胞都吸飽水分，吃起來會更加清脆有咬勁。泡到葉子尖端看起來有彈力就可以取出了。

水分要擦乾

用廚房紙巾包住

葉菜類表面若殘留水分，沙拉味道會越變越淡。蔬菜擦去水分後，可暫時用廚房紙巾包住，徹底吸收水分。

油→調味料的
順序加入

防止出水稀釋風味

先加鹽和醋的話，會因滲透壓而讓水分滲出。先加入油則能在蔬菜表面形成油膜，防止鹽和醋造成的出水而稀釋風味。

Q 燉白蘿蔔，不同作法差異為何？

A 白蘿蔔煮軟再放進滷汁煮

<作法>

將預煮10分鐘左右已煮熟的白蘿蔔，放進沸騰的滷汁中。

20分鐘後

OK!

講究味道

滷色好看，味道也濃郁、入味。

╱ 非常入味好吃！ ╲

B 放進高湯煮直接調味

<作法>

將生的白蘿蔔放進高湯中煮10分鐘左右，調味，再繼續煮20分鐘。

20分鐘後

OK!

步驟簡單

滷色雖淺，但已入味，較清爽的口味。

╱ 味道已經足夠！ ╲

生的白蘿蔔直接煮，一樣入味好吃

燉煮料理時，將白蘿蔔先用洗米水煮軟，能去除白蘿蔔的苦味，讓料理更好吃。現在的白蘿蔔已沒什麼苦味，所以不先煮過也沒關係，建議直接將生的白蘿蔔放進高湯煮10分鐘左右，加入調味料再燉煮20分鐘，這樣味道就已經足夠，步驟也簡單！

Q 滷魚，不同作法差異為何？

B 滷汁煮滾了再放魚燉煮

＜作法＞
將滷汁煮到沸騰，再放入魚燉煮。

10分鐘後

OK!

非常入味，只是魚肉有點散開。

╱ 魚肉雖有點散開了，但是已經入味 ╲

A 滷汁冷的時候就放魚燉煮

＜作法＞
冷的滷汁和魚放進鍋裡煮。

10分鐘後

OK!

優雅呈現食材風味。

講究視覺度

╱ 魚肉形狀完整，而且入味！ ╲

從低溫開始燉煮，滷汁能滲透魚肉

滷魚時一般認為要在滷汁滾了才將魚肉放入，這個方法適用在家族人數多，需要一次大量烹煮的情況。若是少量料理的話，建議滷汁是冷的時候就放入魚，其表面蛋白質受熱凝固能將鮮味封住，比起滷汁滾了再放進去煮，更能保持外型，味道也顯得優雅。

Q 燉煮肉類，不同作法差異為何？

B 生肉加水一起燉煮

＜作法＞
生肉直接加水一起燉煮。

20分鐘後

OK!

肉質雖柔軟，但風味略顯不足。

／ 肉質鬆散，
風味不足…… ＼

A 先煎一下再加水燉煮

＜作法＞
將雞腿肉的皮兩面都煎到上色，再加水燉煮。

20分鐘後

OK!

風味好，香氣足。

美味好吃

／ 多汁，
滿滿肉的鮮味！ ＼

煎熟表面，封住美味

奶油燉菜或咖哩等燉煮料理，通常使用高湯塊或咖哩塊製作，因此肉煮得好吃與否就要更加講究了。重點在於，先在平底鍋將肉的表面煎得稍微焦香，再開始燉煮，就不怕美味成分流失了。法式火上鍋（pot-au-feu）㊟的精髓在於讓食材精華溶於湯汁，所以建議以生肉直接烹煮。

㊟火上鍋是法國飲食文化中一種具有代表性的菜式。大致上是將一盤牛肉倒入用蔬菜及香草調味過的清湯，用微火長時間慢燉。

Q 肉片煮湯，哪種作法才正確？

B 肉片最後放入

＜作法＞
料理到最後，肉片再放入，別煮太久。

5分鐘後

OK!

口感佳

肉質軟嫩，不過度收縮。

╱ 肉質軟嫩，鮮美好吃！ ╲

A 一開始就放入肉片

＜作法＞
和其他食材一起放進去煮。

5分鐘後

NG!

✕

肉片縮成一團，吃起來口感偏硬。

╱ 像丸子一樣，口感有點硬！ ╲

**肉片熟得快，
最後步驟才加入即可**

加了肉片的滷菜或湯品，也有加入前先炒過的作法，不過一般還是直接煮比較多。如果一開始加入肉片，不僅美味成分會溶到滷汁或湯汁，肉片也會收縮變硬，必須暫時取出。使用肉片的料理，建議最後再放入短時間加熱，防止收縮維持軟嫩口感。

增強料理功力②
燉煮

適合①的燉煮料理

滷魚
味噌燉肉
燉南瓜
等等

加熱食材同時調味

關東煮
法式火上鍋
（pot-au-feu）
等等

適合②的燉煮料理

燉煮料理的2種作法

① 讓調味停留在食材表面

海鮮類用少量滷汁，蔬菜類則用多一點滷汁來燉煮。適度收乾，留下對應人數（1人份1大匙）的滷汁，最後盛盤時淋在料理上。

② 讓食材中心完全入味

滷汁用量約略淹過食材，需要花時間慢慢燉煮，調味清淡。

好吃的燉煮料理
收乾別留太多滷汁

不喜歡燉煮料理的人越來越多，原因可能是留下的滷汁太多而稀釋了食材風味，所以會覺得不好吃。像南瓜、芋薯類等，或主成分為蛋白質的魚類特別不易入味。適度收乾，留下相對1人份1大匙的量，盛盤時淋在食材上增加食物色澤，看起來更好吃。

好吃的關鍵在於火侯和加水量

依不同食材及料理調整火侯和加水量

海鮮類的滷汁要少一點；蔬菜類滷汁則多一些，然後搭配落蓋（鍋內蓋）燉煮。

控制火侯的重點是不管海鮮或蔬菜，滷汁沸騰前都開大火，沸騰後海鮮類要轉成稍弱中火；蔬菜、芋薯則轉成稍強中火讓滷汁微微沸滾。

之後取下落蓋，適度收乾滷汁。

> 每一道都適用

燉煮好吃的秘訣

POINT 1　加上落蓋（鍋內蓋）
　　　　　讓滷汁充分循環

滷汁較少的燉煮料理，使用落蓋可讓鍋內滷汁充分流動循環。

POINT 2　魚的滷汁少一點
　　　　　蔬菜滷汁多一些

魚的滷汁不要太多，加到還能看見魚身程度就好；蔬菜滷汁則加入約略淹過食材的量。

POINT 3　蔬菜用中大火
　　　　　肉類和魚用小火

原則上兩者在沸騰前都用大火，沸騰後芋薯或南瓜等澱粉類食材要用稍強中火；肉類及魚等蛋白質類食材則用稍弱中火。

POINT 4　適度收乾滷汁
　　　　　留1人份1大匙

食材變軟就取下落蓋，讓滷汁煮蒸乾，只留相當1人份1大匙的量，盛盤時淋在食材上。

1 馬鈴薯燉肉

製作馬鈴薯燉肉時，注意馬鈴薯的食材處理與燉煮方式，煮好就會口感鬆軟、入味好吃。

recipe:

材料（2人份）
牛肉片…100g
馬鈴薯…2顆
洋蔥…1／2顆
高湯…1又1／2～2杯
A [酒…1大匙
　 砂糖…1又1／2大匙]
B [味醂…1大匙
　 醬油…1～2大匙]
沙拉油…1小匙

作法
① 牛肉、馬鈴薯切成一口大小，洋蔥切成細長條。
② 鍋中倒入沙拉油加熱先炒肉片，再加洋蔥、馬鈴薯拌炒。
③ 加入高湯煮至沸騰，撈掉浮起的泡沫雜質。加入A以稍強中火煮3～4分鐘，再加B。
④ 放上落蓋，以稍弱中火煮15～20分鐘。若滷汁有點多，可取下落蓋讓湯汁蒸發。適度收乾，留下2大匙滷汁。盛盤，淋上滷汁。

> 入味鬆軟馬鈴薯燉肉的料理秘訣

① 馬鈴薯先用水浸泡

⌄⌄⌄

洗掉表面澱粉

馬鈴薯的處理重點是切好要浸水、擦乾。目的是洗掉表面澱粉，但注意！別浸泡太久。

② 從開始一口氣煮到好

⌄⌄⌄

開始加熱就不中斷

細胞膜含有果膠，受熱分解，馬鈴薯就會變軟。加熱中斷的話，會與鈣質結合，讓馬鈴薯不易煮熟。

③ 煮好之後稍微放置

⌄⌄⌄

更均勻入味

就算關火，滷汁餘熱仍會持續擴散，讓調味滲透到食材內部。盛盤時，1人份淋上1大匙滷汁，讓料理更美味。

2 燉煮里芋

口感鬆軟、外形完整的燉里芋，想讓味道濃郁有層次，關鍵在於水和火的掌控。

---

recipe:

材料（2 人份）
里芋…6 個（300g）
滷汁
　高湯…2 ～ 2 又 1 / 2 杯
　醬油·砂糖·味醂…各 1 大匙

作法
① 將里芋充分清洗，分 5 ～ 6 面縱向削皮。
② 鍋內放入滷汁的材料和①的里芋，放上落蓋，開大火。
③ 沸騰後，控制火候讓滷汁維持在微滾接觸到落蓋的狀態，煮約 15 分鐘。滷汁收乾至剩下 2 大匙左右。

美味燉煮里芋的料理秘訣

①
不必先燙過
直接燉煮

**現在的里芋
黏液已經很少**

雖然多少有點黏液，但不先燙過直接燉煮也沒問題。完成後表面滑溜，內部口感鬆軟。

②
約略淹過食材
滷汁少量即可

**燉煮里芋
只需少量滷汁**

清燉里芋使用少量滷汁，最後適度收乾。另外也有使用多量滷汁的作法，滷汁調味清淡，最後會留下較多湯汁。

③
讓滷汁持續
微微沸滾

**稍強的火候
剛剛好**

里芋等的澱粉在滷汁微微沸滾的狀態下比較容易入味，火候要觀察滷汁的狀態來作調整。

3 醬燒鰈魚

鰈魚、金目鯛、青魽或沙丁魚等，怎麼滷得肉質鬆軟入味又不過頭，把秘訣學起來！

---

recipe:

材料（2 人份）

鰈魚…2 切片

A
┌ 酒…1／4 杯
│ 醬油…1 又 1／3 大匙
│ 砂糖…1／2 大匙
└ 味醂…1 又 1／2 大匙

作法

① 將鰈魚充分清洗，乾淨去除鱗片、血液等，瀝乾。

② 在魚的皮面劃上十字刀痕。

③ 鍋內放入 1 杯水和 A，加入鰈魚開大火，沸騰後撈掉浮起的雜質。

④ 放上落蓋，中火煮 8 分鐘左右。帶卵鰈魚的話，為充分受熱，煮 10 ～ 12 分鐘。過程中滷汁開始蒸散時，記得舀起湯汁淋在魚肉上 2 ～ 3 次。

⑤ 滷汁收乾到剩下 2 大匙，盛盤後淋上。

肉質鬆軟入味好吃滷魚的料理秘訣

皮面先劃刀痕

**防止破皮
滷得入味**

魚皮下方的膠原蛋白受熱就會收縮，沒有先劃刀痕的話，膠原蛋白收縮會導致皮面裂開。

魚和滷汁
同時放入燉煮

**由於滷汁量少
同時煮也 OK**

製作量少的時候，滷汁加熱前放入魚肉也 OK。滷汁短時間就會沸騰，魚肉表面凝固後就不怕風味流失。

使用落蓋
調整滷汁量

**稍微留下滷汁
1 人份 1 大匙**

落蓋除了防止魚肉煮散，也有助滷汁接觸食材更好入味。適度收乾滷汁，留下 1 人份 1 大匙比例的份量。

4 高麗菜捲

燉到柔軟入味的高麗菜捲，怎麼做才能肉餡多汁、形狀完整，一起來看看吧！

recipe:

材料（2 人份）

高麗菜葉…8 片／
培根…50g ／

A ┌ 牛絞肉…200g
  │ 麵包粉…1 ／ 4 杯
  │ 洋蔥（切末）…1 ／ 4 顆份量
  │ 鹽‧胡椒…各適量
  └ 麵粉…1 ／ 2 小匙

B ┌ 西式高湯…1 又 1 ／ 2 ～ 2 杯
  │ 白酒…1 又 1 ／ 2 大匙
  │ 鹽…1 ／ 2 小匙
  └ 胡椒…少許

作法

① 高麗菜葉先燙過，粗梗的部分稍微削薄。撒上少許鹽、胡椒（份量外）。
② 培根切成 2cm 寬，炒好備用。
③ 於調理碗中放入 A 充分混合，分 8 等份捏成圓筒形。
④ 重疊 2 片高麗菜葉，將③包捲。
⑤ 將④排在鍋內，加入②、B，放上紙製落蓋，蓋上鍋蓋，小火煮 30 分鐘左右。

> 柔軟入味高麗菜捲的料理秘訣

①

高麗菜和肉餡分開調味

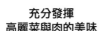

**充分發揮
高麗菜與肉的美味**

高麗菜和肉餡分別先以鹽、胡椒調味再燉煮，就可封住美味成分。肉餡記得要充分搓捏後整形。

②

將肉餡包捲好

防止散開變形

首先將肉餡放在芯側，捲一次包住，接著將兩端向內折，再整個捲緊成形。

③

加蓋小火燉煮

**一次沸騰後
轉小火燉煮**

加蓋以大火煮至沸騰，可先讓肉餡定型防止鮮味流出，然後轉小火慢燉。鍋內排滿高麗菜捲燉煮，可避免散開變形。

Q 炒青菜，哪種作法才正確？

B 小火慢炒

＜作法＞
以小火將食材拌炒至熟透。

5分鐘後

NG!

加熱時間太長，蔬菜都出水變軟了。

＼滲出水分，
軟趴趴……／

A 大火快炒

＜作法＞
大火搭配翻鍋的方式快炒。

1分鐘後

OK!

口感佳

清脆有咬勁，吃得到鮮甜滋味。

＼清脆爽口！／

**想吃到清脆口感，
要用大火快炒**

炒青菜的重點是火侯要強，搭配手腕搖動平底鍋翻甩食材的方式，讓高溫的油均勻接觸食材。如此一來不用擔心風味流失，能蒸散多餘水分，維持清脆口感。火侯太弱的話，鮮味成分會溶出，變得沒有味道，而中火以上才能熟透的蔬菜，火侯不夠的話常常煮好了吃起來還是很硬。

132

Q 烤魚，不同作法差異為何？

B 直接烤

<作法>
直接放進烤爐烤。

5分鐘後

OK!

△

魚肉有點裂開，
魚皮烤到膨起或破掉。

╱ 容易烤焦，╲
破皮……

A 皮面先劃刀痕再烤

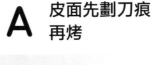

<作法>
先在皮面劃上刀痕再烤。

8分鐘後

OK!

講究
視覺度

受熱均勻，皮肉完整。

╱ 口感鬆軟，╲
烤得漂亮！

皮面先劃刀痕，防止過度收縮

烤魚時先在皮面劃刀痕，即所謂「劃刀花」，可防止皮面過度收縮。直接烤的話，皮面膠原蛋白因收縮易破，膨脹又易焦，魚肉也常裂開。不過劃太多刀痕會讓水分過度蒸散，劃上淺淺幾刀就能烤得既好看又好吃。

Q 煎牛排，哪種作法才正確？

B 先回復室溫再煎

＜作法＞
從冰箱取出，置於室溫約30分鐘，等溫度回復，再快速煎一下。

2～3分鐘後

OK!

美味好吃

肉汁滿溢，口感軟嫩。

＼ 肉汁飽滿，鮮美好吃！／

A 從冰箱取出直接煎

＜作法＞
料理時才從冰箱取出，直接用大火煎。

2～3分鐘後

NG!

肉汁流失，吃起來乾柴。

✕

＼ 內部尚未受熱，表面已焦了……／

回復室溫再煎，肉汁飽滿

牛排肉先回復室溫就能煎得好吃。冰的直接煎常會內部未受熱，表面已經煎焦了。另外，料理前先將紅肉與脂肪間的筋質切斷，防止收縮。太早抹鹽會讓肉汁流失，要煎時再撒上鹽和胡椒即可。

Q 和風玉子燒,哪種作法才正確?

B 將空氣拌入蛋液

<作法>
用筷子斜斜地像要將空氣拌入的感覺,將蛋液攪拌均勻。

煎成玉子燒

NG!

×

形成許多空洞,吃起來蛋白和蛋黃不均勻。

/ 蛋白分散不均,
口感乾乾的…… \

A 像要切斷蛋液的方式拌勻

<作法>
讓筷尖碰到調理碗底部,像要切斷蛋液的感覺拌勻。

煎成玉子燒

OK!

講究視覺度

沒有孔洞,美觀、口感也很滑嫩。

/ 切面漂亮!
口感很棒! \

攪拌蛋液的秘訣在於儘量不拌入空氣

要做出滑嫩好吃又漂亮的玉子燒,打蛋方式是其關鍵所在。沒有充分拌好蛋液的話,蛋白與蛋黃混合不均,玉子燒就無法呈現一致的金黃色。如果拌入空氣,煎的時候較不好捲,不易控制形狀。應該要讓筷尖碰觸調理碗底部,像要切斷蛋液的方式攪拌,儘可能讓空氣含量降到最低。

增強料理功力③

煎炒・燒烤

邊加熱食材，同時調味

煎炒・燒烤的各種方法

使用平底鍋煎炒

炒青菜或煎漢堡肉排時，使用平底鍋間接加熱的方法。

使用烤爐或烤網燒烤

烤魚或串燒時，直接於火上加熱，烤出香氣的方法。

煎炒・燒烤的各種方法

使用烤箱燒烤

製作焗烤或蛋糕餅乾等，要花點時間慢慢加熱的方法。

炒與煎烤的不同

炒	**短時間加熱同時混和食材**	
	搖動放入食材和油的平底鍋，混和同時加熱，以煮熟食物的調理方法。	
煎烤	**加熱時幾乎不移動食材**	
	將食材置於平底鍋或烤爐加熱，能增添焦香味的調理方法。	

短時間加熱的快炒料理和增添焦香味的煎烤料理

加入油脂短時間加熱的快炒，藉著俐落搖動平底鍋翻拌食材，蒸散水分留住食材美味。另一方面，煎烤則是煮熟食物的同時，增添香味將食材上色。略帶焦香的風味降低食材腥臭味，藉煎烤濃縮美味成分，口感也變得密實。

美味關鍵在於火侯與加熱時間

認識快炒、燒烤兩種作法的特點

快炒雖因食材改變火侯，但短時間加熱是基本作法。

平底鍋預熱倒入油，然後迅速將食材炒到水份蒸散。煎烤也會隨食材變化作法，不過原則上都要先用大火上色，再調整火侯，加熱到食材變軟熟透。

煎烤得好吃的秘訣

POINT 1 首先以大火上色

煎牛排或漢堡肉排時，要先用大火讓表面上色，增加香味。

POINT 2 魚用烤網或烤爐遠火高溫燒烤

原則上以大火操作，為避免表面烤焦，可放在烤網上，讓食材稍微遠離熱源。

炒得好吃的秘訣

POINT 1 基本上短時間大火加熱

基本上魚類、肉類都以大火快炒，封住美味。容易出水的蔬菜也是相同作法。

POINT 2 辛香蔬菜以小火爆香

為炒出蔥、薑、大蒜等的香氣，建議以小火慢慢爆香。

1 炒豆芽菜

蔬菜易出水或炒得太軟，油量與火侯是主要原因。抑制出水、炒出清脆口感是有訣竅的。

recipe:

材料（2 人份）
豆芽菜…300g
沙拉油…1 大匙
山椒粒…少許
砂糖…1 ／ 2 小匙
鹽…1 ／ 2 小匙
芝麻油…1 ／ 2 小匙

作法
① 土豆芽菜去除根部，洗好瀝乾。
② 平底鍋中倒入沙拉油加熱，放入山椒粒爆香，然後加豆芽菜拌炒。
③ 等豆芽菜炒熟，加入砂糖、鹽，最後均勻淋上芝麻油。

清脆爽口炒豆芽菜的料理秘訣

①
油量為材料重的5%

鎖住水分及美味成分

油量不夠就無法均勻分布食材表面，鎖住水分與美味成分。建議油量為食材總重的 5%。

②
邊搖動平底鍋
翻炒蔬菜

**大火短時間
蒸散多餘水分**

清脆口感是炒豆芽菜好吃的關鍵，注意別加熱過度，炒到生腥味消失，即可關火。

③
蔬菜炒熟再調味

**秘訣在於
不過度加熱**

為保持口感清脆，在短時間讓食材均勻受熱，一次不要炒太多！加熱過度會變軟，出水也會稀釋調味。

2 鹽烤鯖魚

燒烤程度足以影響風味的烤魚料理。要烤得表面帶點焦香、肉質鬆軟不散開是需要訣竅的。

recipe:

材料（2 人份）
鯖魚（小・大名剖法）…1 ／ 2 片
鹽…1 ／ 4 小匙

作法
① 用廚房紙巾將鯖魚擦乾，魚片斜切成兩半。
② 於皮面劃上淺淺刀痕，然後兩面都撒上鹽巴。
③ 盛盤時朝上的正面先烤，此面朝下放在烤網。
④ 約烤 6 分鐘，翻面再烤 4 分鐘左右。切口變白就完成了。

符合個人喜好鹽烤鯖魚的料理秘訣

① 口感要有點彈性？還是鬆軟呢？

表面肉質有彈性

撒鹽靜置 15 分鐘，覆蓋鹽分讓表面蛋白凝固，肉質就會緊實。撒鹽直接烤的話，整體肉質吃起來比較鬆軟。

② 盛盤時朝上的正面烤的時候先朝下

正面烤得很漂亮

正面烤出漂亮顏色，看起來更好吃。背面不需在意烤色，烤到內部熟透為止。

③ 只要翻面一次

**要烤得好吃
正 6 背 4**

大家常說烤魚要「正面 6 分鐘，背面 4 分鐘」，烤到表面適度上色，只要翻面 1 次，若使用雙面烤爐就不用翻面了。

3 香煎牛排

軟嫩鮮美,切下去肉汁滿溢的煎牛排。學會烹調訣竅,來煎美味牛排吧!

---

recipe:

材料(2 人份)

牛肉(牛排用)…2 塊
(1 塊 150g)
鹽・胡椒…各適量
沙拉油…1 小匙

作法

① 煎牛排 30 分鐘前,先從冰箱取出。
② 用刀尖切斷紅肉與油脂之間的筋質,於兩面撒上鹽和胡椒。
③ 於平底鍋中加熱沙拉油,放入牛肉。
④ 大火煎約 30 秒,轉小火繼續煎 1 分 30 秒左右,同時邊輕搖平底鍋。
⑤ 轉大火翻面,另一面相同煎法。熟度依個人喜好調整。

> 煎牛排肉汁不流失的料理秘訣

①
30分鐘前
先從冰箱取出

**牛肉回復室溫
煎好肉汁飽滿**

牛肉在冰的狀態直接煎的話,常表面熟了,內部熟度卻還不夠。先從冰箱取出,等牛肉回復室溫再煎吧!

②
切斷紅肉與
油脂間的筋質

**如以一來
就能平均受熱**

受熱筋質會收縮,要先斷筋防止形狀捲曲,能均勻受熱,煎好熟度才會一致。

③
平底鍋
充分熱鍋再煎

**表面煎熟之後
依個人喜好調整熟度**

首先用大火讓表面蛋白質凝固,將美味封在內部。接下來就依個人喜好調整熟度。注意煎過頭肉質會變太硬。

4 漢堡肉排

可嚐到肉汁滿滿的鮮美風味，一起來試試口感鬆軟、咬下去會爆漿的漢堡肉排吧！

---

recipe:

材料（2 人份）

A ┌ 牛絞肉…200g
　│ 豬絞肉…50g
　│ 炒洋蔥末…1／4 顆份量
　│ 麵包粉…1／3 杯
　│ 牛奶…2 大匙
　│ 鹽…1／2 小匙
　└ 胡椒・肉豆蔻…各少許
蛋液…1／2 個份量
沙拉油…1／2 大匙

作法

① 於調理碗中將 A 揉捏混勻，出現黏度再加蛋液混和。
② 分成 4 等份，壓出空氣、整成 1cm 厚的橢圓形，中央稍微壓凹。
③ 平底鍋中倒入沙拉油加熱，肉排凹面朝上放入大火煎 30 秒，轉中火漸到小火煎 3 ～ 4 分鐘。
④ 翻面同樣煎法。

> 咬下去肉汁滿溢漢堡肉排的料理秘訣

①	②	③
絞肉充分揉捏混和	麵包粉不浸泡牛奶	中央稍微壓凹

增加絞肉黏著力

生肉的蛋白質黏性強，藉著揉捏的動作，黏著力還會增加。加鹽也能加強黏度，讓肉排容易成形。

**乾燥麵包粉
吸收較多肉汁**

添加麵包粉是為了讓口感保持清爽，吸收流出的肉汁。不須先浸泡牛奶，乾燥狀態就能直接使用。

**熱能傳到內部
煎得鬆軟多汁**

絞肉空隙較多，因此熱傳導效率差。中央壓凹減少厚度，讓熱能充分傳達內部，煎出鬆軟多汁的漢堡肉排。

5 煎餃

一口咬下好吃的餃子，飽滿肉汁在口中流動。怎麼煎風味與肉汁才不會流失，把秘訣學起來吧！

---

recipe:

材料（2人份）
餃子皮…30 片

A
- 豬絞肉…200g
- 鹽…1／3 小匙
- 醬油…2 小匙
- 芝麻油…1 大匙

B
- 高麗菜…200g
- 韭菜（切末）…50g
- 大蒜（切末）…1／2 個

沙拉油…1 大匙

作法
① B 的高麗菜稍微燙過切成細末，充分擰乾。
② 調理碗中放入 A，充分揉捏混和，直到出現黏性。加入 B 混和，分成 30 等份。
③ 將②放在餃子皮中央，外圍沾水，將餡料包起做出摺痕。
④ 平底鍋中倒 1／2 大匙沙拉油加熱，將半數餃子排進鍋內。倒入 1／2 杯（材料份量外）熱水，蓋上鍋蓋，以中火蒸煎。
⑤ 水分蒸乾時火候稍微調大，將表面煎成金黃色。剩下的餃子也是相同煎法。

煎餃子不失敗的料理秘訣

絞肉加入調味料揉捏混和

美味不流失飽滿多汁

當作餡料的絞肉，加入調味料揉捏混和，讓纖維間抓著力更好。記得將絞肉充分揉捏混和，封住肉汁。

加入蔬菜充分混和

讓絞肉吸收水分

絞肉揉捏混和後加入蔬菜，絞肉會吸收蔬菜水分，煎的時候水分不會流出，成品飽滿、多汁。

煎熟再上色

絕不失敗的方法

要煎出顆顆飽滿的餃子，就加入熱水、蓋上鍋蓋，以蒸煎的方式處理。水分蒸散再轉大火煎上色。

6 嫩煎鮭魚

散發著淡淡奶油香氣的嫩煎鮭魚，抹上薄層麵粉讓表面煎出好看顏色，吃起來外香酥內柔軟。

recipe:

材料（2 人份）

新鮮鮭魚…2 切片
鹽‧胡椒…各少許
白酒…1 大匙
麵粉…2 大匙
沙拉油‧奶油…各 1／2 大匙

作法

① 鮭魚兩面輕輕撒上鹽、胡椒，淋上白酒靜置 5～6 分鐘。
② 用廚房紙巾擦去水分，抹上薄薄一層麵粉。
③ 於平底鍋中加熱沙拉油及奶油，等奶油溶化，將鮭魚皮面朝下放入。
④ 靜置一會兒之後，稍微搖動鍋子讓魚移動，同時以大火將兩面煎熟。

香脆多汁嫩煎鮭魚的料理秘訣

抹上薄薄的麵粉

**形成薄膜
封住美味**

麵粉能吸收魚肉水分，在表面形成薄膜，封住美味成分。另外，抹粉可讓表面煎得香脆。

用沙拉油和奶油煎

防止煎焦

奶油香氣能增添料理風味，但含有蛋白質及糖容易燒焦。和沙拉油一起使用，就能煎得顏色、熟度恰到好處。

煎的時候
皮面朝下擺放

**單面上色完成
再翻面**

魚皮要煎得酥脆漂亮，就從皮面開始煎吧！魚皮受熱易收縮，若先從魚肉面煎的話，很容易散開。

\新常識/
怎麼做出好吃的雞蛋料理

被大家稱為營養寶庫的雞蛋,含有均衡的必需胺基酸。
由於能搭配各種食材,應用料理種類極為廣泛。

1 水煮蛋要用沸騰的滾水煮

① 放進沸騰滾水裡

先從冰箱取出雞蛋,回復室溫。放進沸騰滾水,等水再次沸騰時,轉成小火。全熟煮12分鐘;半熟煮8分鐘。

② 浸冷水降溫

煮好浸泡冷水降溫。蛋白質收縮程度大於外殼,因此殼與蛋之間會形成空隙,方便剝殼。

memo　蛋黃和蛋白的凝固溫度不同

蛋黃和蛋白的凝固溫度不同,雖然蛋的大小、開始加熱溫度等多少會造成差異,但基本上蛋黃在65~70℃;蛋白在60℃左右開始凝固,到了80℃完全凝固。利用此溫度差異,可煮成全熟、半熟或溫泉蛋等各種變化。

2 荷包蛋依個人喜好改變煎法

① 加蓋半蒸半煎

將雞蛋倒入熱油後的平底鍋，
倒入熱水加蓋燜煎1～2分
鐘。表面形成白色薄膜，蛋黃
為半熟狀態。

/ 有一層白色薄膜！\

① 不加蓋煎

將雞蛋到倒入熱油後的平底
鍋，不加蓋直接煎2分鐘左
右。蛋黃幾乎是生的，顏色鮮
豔、口感滑順。

/ 喜歡吃生蛋黃！\

memo　**如何煎出好看的荷包蛋**

荷包蛋要煎得好看，原來沒想像簡單！記得要先從冷藏取出回復室
溫，然後不要直接在平底鍋打蛋，先打在小容器中再倒入平底鍋。
另外，新鮮的蛋，蛋白濃稠比較好定型。

Q 勾芡，哪種作法才正確？

B 少量多次加到湯汁

＜作法＞
少量多次將芡汁加到湯汁。

10分鐘後

OK!

口感佳

香濃滑順，味道均勻。

／ 光澤度佳，
口感滑嫩！ ＼

A 一口氣從中央加入

＜作法＞
將芡汁一口氣加到鍋內麻婆豆腐中央。

10分鐘後

NG!

不均勻，分散著黏塊。

／ 很多凝塊，
味道濃淡不均…… ＼

×

芡汁少量多次加入
就不會結成凝塊

芡汁是先將太白粉溶於水，讓水分均勻滲入粉體，而太白粉主要成分為澱粉，遇水加熱會相互抓附產生黏性。一口氣將芡汁加入無法掌握濃稠度，建議於最後步驟少量多次加在湯汁較多的地方。

Q 法式奶油醬，不同作法差異為何？

A 於加熱的奶油醬中加入冰牛奶

＜作法＞
趁奶油麵糊醬還熱的時候，將冰牛奶一口氣加入。

 用木勺攪拌

OK!

成為滑順清爽的醬汁。

簡單快速

＼ 很快就拌得很均勻！／

B 於放涼了的奶油醬中加入冰牛奶

＜作法＞
等奶油麵糊醬放涼後，將冰牛奶一口氣加入。

用木勺攪拌

OK!

△

略帶濃稠醇厚的口感。

＼ 不易結塊，口感滑順！／

麵糊醬與牛奶的溫差是口感滑順的關鍵

將冰牛奶少量多次加入熱奶油麵糊醬，很容易結成凝塊，這是因為澱粉急速遇水遇熱發生糊化作用的關係。

若將冰牛奶一口氣加入，降溫後就不會結塊。另一方面，奶油麵糊醬放涼降溫，再加冰牛奶也不會結塊，混和後醬汁口感滑順，不過缺點是需要花點時間等奶油醬完全降溫。

增強料理功力④
勾芡

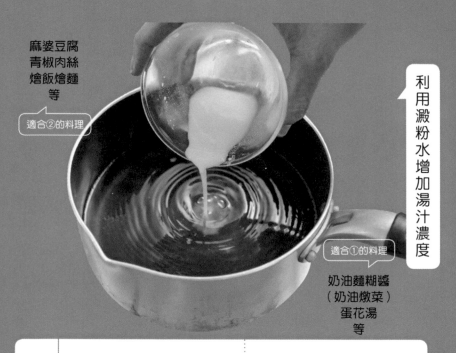

麻婆豆腐
青椒肉絲
燴飯燴麵
等

適合②的料理

利用澱粉水增加湯汁濃度

適合①的料理

奶油麵糊醬
（奶油燉菜）
蛋花湯
等

目的	① 增加滑順口感&保溫效果	② 讓調味沾裹食材
	吃起來有滑溜溜的口感，也可維持料理溫熱。	加進湯汁增加稠度，讓調味均勻沾附食材。

增加湯汁濃稠度所產生的效果

太白粉澱粉藉由加熱遇水，產生糊化作用。麻婆豆腐或奶油燉菜等湯汁較多的料理，加入芡汁口感就會變得濃郁。湯汁有點濃度不易對流，蒸發速度慢，因此也有保溫效果。另外，勾芡的湯汁容易沾裹食材，味道會更均勻。

勾芡
主要有3種

**澱粉種類不同
用途也有所變化**

勾芡用澱粉第 1 種是馬鈴薯來源的太白粉（片栗粉），適合蛋花湯或燴汁等。第 2 種是玉米澱粉，又稱玉米粉，黏性低口感清爽，除了與麵粉混和使用，也常用在湯品。第 3 種是白飯，煮濃湯等能派上用場。

太白粉芡汁的作法

① **太白粉加水
靜置一會兒**

勾芡時，要預先將太白粉溶於水中靜置，讓澱粉吸收水分。

② **使用時再攪拌**

將沉澱的太白粉充分攪拌，使濃度均勻。記得要加入前再攪拌。

用玉米粉勾芡

**讓果汁或湯品
喝起來更順口**

一般澱粉冷卻後黏度會增加，所以黏性低的玉米澱粉會比較適合用於果汁。

用白飯勾芡

增加濃湯飽滿度

製作濃湯時將白飯與食材一起燉煮，然後用果汁機打碎。用小麥、玉米等取代白飯也OK。

1 蛋花湯

要做出半熟口感軟綿綿的蛋花湯，關鍵在芡汁和蛋液加入的時機。

recipe:

材料（2 人份）
蛋…1 個
高湯…1 又 3 ／ 4 杯
鹽…略多於 1 ／ 4 小匙
醬油…1 小匙
A ┌ 太白粉…1 ／ 2 大匙
　 └ 水…1 大匙

作法
① 在調理碗中將蛋打散，加入高湯 2 大匙攪拌混和。
② 於鍋中倒入剩下高湯，加入鹽、醬油，開中火煮。
③ 沸騰後將火轉小，將調好的芡汁 A 少量多次加入，將火轉大，攪拌均勻。
④ 再次沸騰時，邊用筷子攪拌邊讓蛋液細細地流入鍋內，蛋浮起即可關火。

口感鬆綿蛋花湯的料理秘訣

①
先加入芡汁

讓澱粉糊化
出現黏性

倒入蛋液前，先加入芡汁增加湯汁濃稠度，這樣蛋花就能鬆綿不下沉。

②
蛋液以繞圈方向
少量慢慢加入

讓蛋花倒在
澱粉形成的網

湯汁充分加熱勾芡完成後，倒入蛋液。以繞圈方向，利用筷子讓蛋液細細地流入鍋內。

③
一比較就很清楚

先加蛋液的話
蛋花會沉在底部

澱粉遇水加熱發生糊化作用，熱能使澱粉與水分子互相抓附形成網狀構造，因此可維持蛋花形狀。

2 天津燴飯

中華料理的基本款，淋在雞蛋上滑溜順口、帶點酸甜的燴汁，是美味關鍵。

---

recipe:

材料（2 人份）

蛋…3 個　蟹肉罐頭…（小）1 罐
水煮竹筍（切細）…25g
蔥（切蔥花）…1／4 根　鹽…少許

A
- 中式湯底…1／2 杯
- 砂糖・醬油…各大匙
- 醋…1 小匙
- 薑汁…少許

B
- 太白粉…1／2 大匙
- 水…1 大匙

沙拉油…3 大匙
熱白飯…適量

作法

① 蟹肉瀝掉水分，去除軟骨後撥散。
② 在調理碗中將蛋打散，加入①、蔬菜、鹽攪拌混和。
③ 於平底鍋倒入沙拉油加熱，將②一口氣倒入，稍微拌炒。
④ 蛋的邊緣開始膨起，即可整形翻面，煎好分成 2 等份，蓋在盛裝好的白飯。
⑤ 於鍋內混和 A，開火煮到沸騰後，將火轉小。少量多次加入調好的 B，再將火轉大一邊攪拌，完成後淋在④。

讓燴汁滑溜好吃的料理秘訣

①
預先調好芡汁

②
不熟練的話
先遠離火源

③
熱騰騰料理
淋上熱騰騰燴汁

**太白粉加入前
要攪拌均勻**

芡汁要預先調好靜置才會出現黏性，太白粉容易沉澱，因此加入前還要再充分攪拌。

**防止結成凝塊
調整濃稠度**

鍋內溫度太高時加入芡汁會容易結塊，可先把鍋子遠離火源，慢慢加入邊調整稠度。

**充分融和
口感更好**

熱芡汁淋在熱料理上，味道更融和。芡汁涼掉會失去滑溜口感而變得不好吃。

3 奶油白醬

焗烤或奶油燉菜會用到的白醬，一起來學如何做出香味濃郁、滑順不結塊的白醬！

---

recipe:

材料（2 人份）
奶油…1 又 1／2 大匙
麵粉…1 又 1／2 大匙
牛奶…1 又 1／2 杯
鹽…1／6 小匙
胡椒…少許

作法
① 鍋中放入奶油加熱溶化，開始冒泡時加入麵粉，用木鏟攪拌。
② 轉小火避免煮焦，拌炒 3～4 分鐘，讓奶油麵糊呈現均勻液狀。
③ 將冰牛奶一次倒入，使用攪拌器快速攪拌。等醬汁呈現滑順狀態，轉中火，換成木鏟繼續攪拌。
④ 煮到醬汁變得有點濃稠，木鏟劃過鍋底可留下劃痕的程度，再加入鹽、胡椒調味。

白醬不結塊的料理秘訣

①
奶油開始起泡時
加入麵粉

奶油麵糊炒成均勻液狀

訣竅在於以小火慢慢拌炒，直到整體變成均勻液狀，注意不要煮焦。

②
在熱奶油麵糊
加入冰牛奶

**避免結塊
口感滑順**

將冰牛奶一口氣加入熱奶油麵糊，溫度下降後，邊攪拌邊煮出濃稠度。這樣做就不會結塊，煮好的白醬滑順細緻。

③
如果白醬太濃稠

**加入牛奶調整
同時收乾醬汁**

如果白醬太濃稠，可加點冰牛奶稀釋，再稍微煮一下調整濃稠度。

4 馬鈴薯濃湯

將馬鈴薯或南瓜等蔬菜燉煮到入口即化的濃湯。做出香濃滑順好喝濃湯的秘訣，先學起來吧！

---

recipe:

材料（2 人份）
馬鈴薯…200g
洋蔥…1 ／ 2 顆
奶油…10g
西式高湯…1 又 1 ／ 2 杯
牛奶…1 ／ 2 杯
鮮奶油…1 ／ 4 杯
鹽…1 小撮

作法
① 馬鈴薯切成 8mm 厚的扇形，洋蔥從切斷纖維方向切薄。
② 於鍋中放入奶油加熱，拌炒洋蔥和馬鈴薯。
③ 等洋蔥變軟，加入西式高湯，煮到馬鈴薯也軟化。
④ 將③放進果汁機打至滑順，再放回鍋中加熱。
⑤ 加入牛奶和鮮奶油，以鹽巴提味。

香濃滑順濃湯的料理秘訣

 ① 蔬菜煮到軟化

 ② 鹽巴只加1小撮

 ③ 玉米濃湯勾芡

口感更好

為讓濃湯滑順細緻，感覺不到粗糙顆粒，蔬菜要煮得比平常更軟，是美味秘訣。

牛奶或鮮奶油料理只要一點鹽巴提味

以牛奶或鮮奶油為主的料理，只需一點鹽巴提味，先加 1 小撮再調整味道。注意有的奶油已含鹽。

可用白飯取代麵粉

濃湯使用的勾芡材料有好幾種，玉米濃湯一般用麵粉，但用白飯也 OK ！和食材一起煮就有濃稠度，非常方便。

Q

茶碗蒸，不同作法差異為何？

B 直接用鍋子蒸

＜作法＞
將茶碗蒸的容器放進鍋子，倒入熱水直接蒸。

 10分鐘後

OK!

步驟簡單

看起來滑順，口感軟嫩。

／ 軟嫩，入口即化！ ＼

A 使用蒸籠

＜作法＞
將茶碗蒸的容器放進蒸籠蒸。

 10分鐘後

OK!

口感佳

成品滑順柔嫩。

／ 滑順的口感！ ＼

**簡單用鍋子蒸，
口感一樣滑嫩**

　茶碗蒸由於溫度不同會產生口感差異。若使用蒸籠，要注意火侯，可利用蓋子留點縫隙等來控制溫度。直接使用鍋子的話，加入茶碗蒸容器高度1／3的水，蓋子稍微留點縫隙就可以蒸了，滑嫩、入口即化的茶碗蒸就簡單地完成了。

Q 蒸番薯，哪種作法才正確？

B 微波加熱

＜作法＞
微波爐加熱10分鐘。

▽▽▽ 10分鐘後

NG!

✕

乾癟癟的，顏色暗沉。

／ 雖然步驟簡單，
可是甜度不足、
口感不佳… ＼

A 使用蒸籠

＜作法＞
放進冒著蒸氣的蒸籠裡，蒸15分鐘。

▽▽▽ 15分鐘後

OK!

講究味道

甜度高、口感鬆綿，斷面顏色也漂亮。

／ 雖然花點時間，
不過甜度高，
口感濕潤！ ＼

用蒸籠慢慢蒸
讓甜度增加

富含澱粉質的芋薯透過加熱與水分作用，口感就會變得鬆軟，接受熱能越多就越好吃，所以蒸的時候記得要蓋好蓋子。番薯經加熱，叫作澱粉酶的酵素開始作用，讓番薯變甜，慢慢蒸可拉長酵素作用時間，甜度還會增加。注意使用微波爐時，加熱時間過長有可能會燒焦。

增強料理功力⑤
蒸煮

使用蒸籠

蒸氣易溢散，較不會形成水滴，適合蒸魚或蒸蛋。

使用微波爐

蒸調時間短，注意不同食材的加熱時間。

直接使用鍋子

直接將容器放進鍋內加入容器高度1/3的水就可以蒸了。

利用水蒸氣的溫度慢慢加熱

蒸煮的優點

① 保持肉質柔嫩濕潤	② 使雞蛋的口感滑嫩
利用蒸氣溫度軟化肉質，肉汁不流失。	由於加熱速度緩慢，讓雞蛋的口感更滑嫩。
③ 芋薯類不用擔心烤焦慢慢加熱	④ 讓糯米整體均勻受熱
持續的熱蒸氣能充分加熱也不會烤焦。	糯米會吸收蒸氣水滴，讓整體均勻受熱。

特別適合新鮮魚類及較無青臭味的蔬菜

蒸煮的料理方式其特色在保留食材風味，但另一方面也會留下其他氣味，適用的食材像比較沒有青臭味或腥味的穀類、魚、肉、芋薯、菇類、雞蛋及豆腐等。魚類像白肉魚的鱈魚或鮭魚等都很適合，風味不流失的同時腥臭味也無法去除，所以記得挑選新鮮的！

蒸煮料理製作重點

重要的是搭配食材特徵變化

米或芋薯類澱粉類食材透過加熱與水分作用，口感就會變得鬆軟，這是因為 α- 澱粉受熱產生變化的緣故。

澱粉類食材花點時間慢慢加熱，接受熱能越多就會越好吃。另外，蒸蛋時 90℃ 最理想，注意火侯，可利用蓋子留些縫隙蒸散多餘熱氣。

蒸得好吃的訣竅

 POINT 1　開始冒出蒸氣才放入食材

水分尚未沸騰就放入食材，會讓蒸氣降溫變回水，停留在食材表面稀釋風味。

 POINT 2　用布包住蓋子

用乾布包住蓋子的話，附著於內側的水滴就不會滴到食材上，防止過多水分讓風味變淡。

 POINT 3　水量太多的話，NG！

水量太多的話，沸騰時滾水會噴濺到蒸籠的底板上，NG！

 POINT 4　直接用鍋子蒸　蓋子留縫隙調整溫度

直接使用鍋子要比蒸籠來得方便多了，利用蓋子留些縫隙來調整溫度，是不失敗的秘訣。

1 茶碗蒸

茶碗蒸是否好吃，決定在滑嫩、入口即化的口感，接著要告訴大家如何做出滑嫩、沒有氣孔的茶碗蒸。

recipe:

材料（2 人份）

蛋…1 個

A ⎡ 高湯…1 杯
　 ⎢ 鹽…1／4 小匙
　 ⎣ 醬油…1／4 小匙

魚板…2 片

鴻禧菇…少許

山芹菜…適量

作法

① 鴻禧菇切掉根部，分成小朵。

② 在調理碗中將雞蛋打散，加入 A 混和，攪拌時儘量不要拌進空氣。

③ 於容器中放入鴻禧菇和魚板，將②的蛋液倒入，蓋上蓋子。

④ 將③放進鍋子，加入容器 1／3 高度的水，蓋上鍋蓋，大火加熱 2 分鐘。

⑤ 沸騰後，讓鍋蓋留點縫隙，小火蒸 10～15 分鐘。

⑥ 用湯匙輕壓中央測試，若凝固了就完成。最後佐上山芹菜。

簡單好吃茶碗蒸的料理秘訣

① 不過度攪拌蛋液

防止加熱形成孔洞 影響口感

適度攪拌蛋液，若拌進太多空氣，加熱就會形成孔洞，吃起來就不滑順了。

② 不需過濾

沒必要！

有沒有先過濾 差別不大

茶碗蒸好吃就在於滑順口感，就算沒有先過濾也 OK。不過，雞蛋的白色繫帶要記得取出！

③ 用鍋子直接蒸 輕鬆簡單

完成的茶碗蒸 口感軟嫩滑順

不用蒸籠直接在鍋子蒸也 OK！加入容器高度 1／3 的熱水，以小火加熱，維持約 90℃ 的狀態。

2 清蒸鱈魚

外形完整，口感鬆軟的蒸魚料理，使用鱈魚或鯛魚等白肉魚，看起來優雅又好吃。

recipe:

材料（2 人份）
白肉魚（鱈魚等）…2 片
鹽…1／6 小匙
昆布（5cm 正方片）…2 片
酒…1／2 大匙
柚子醋醬油…適量

作法
① 將鱈魚或白肉魚撒上鹽巴靜置 30 分鐘，擦乾。
② 於有深度的器皿（或耐熱容器）鋪上昆布，放上魚片、淋上酒。
③ 將②放進冒著蒸氣的蒸籠，用稍強中火蒸 12 ～ 15 分鐘。
④ 依個人喜好添加辛香調味，淋上柚子醋醬油即可食用。

風味濃郁蒸魚的料理秘訣

選用新鮮的魚

避免殘留腥臭味

蒸煮的方式可完整保留食材風味與鮮甜成分，但無法去除腥臭味。因此食材要選用新鮮的，才不會殘留腥味。

開始冒出蒸氣才放入食材

防止營養成分及風味流失

若還沒沸騰就放入，由於食材表面溫度低，會形成水滴影響風味，營養成分及鮮味也容易流失。

用乾布包住蓋子

防止風味變淡

加熱時蓋子內側會形成水滴，若滴在食材會稀釋風味，可用乾布包住蓋子吸收水滴。

3 酒蒸雞肉

雞肉蒸太久肉質會變柴，一起來學將雞肉蒸得又軟又嫩，肉汁飽滿的秘訣吧！

recipe:

材料（2人份）
去骨雞腿肉…1片
日本大蔥…1／4根
薑…1／2小塊
酒…1大匙
鹽…1／4小匙

作法
① 日本大蔥切成適當大小，薑切片。
② 用叉子在雞皮刺出洞孔，整塊均勻撒上鹽巴，稍微搓揉。
③ 於耐熱器皿中放入雞肉，擺上蔥、薑片，淋上酒。
④ 將③的容器放進冒著蒸氣的蒸籠裡，用大火蒸15～20分鐘，關火，讓雞肉留在蒸籠裡降溫。
⑤ 淋上個人喜好的醬汁享用。

肉汁飽滿酒蒸雞肉的料理秘訣

①	②	③
雞皮刺些洞孔	大火短時間蒸熟	使用微波爐也OK

防止雞皮收縮又容易入味

記得用叉籤或竹籤在雞皮刺些洞，增加受熱效率之外，還能防止雞皮收縮，調味料也更好滲透。

去除腥臭肉汁飽滿

大火短時間處理可去除腥臭味。雞肉本身保水度低，加熱太久肉汁會流出，肉質就變得乾柴。

1分30秒輕鬆簡單就完成

微波爐可在短時間達到蒸煮的效果。不過加熱太久會導致肉質過度收縮，要依各品牌的說明書操作。

4 酒蒸蛤蜊

可以嗅到海岸氣息的酒蒸蛤蜊。蛤蜊蒸好肉質 Q 彈，鮮度滿滿、略帶鹹味的湯汁，是令人垂涎的一道佳餚。

recipe:

材料（2 人份）
蛤蜊（帶殼）…200g
酒…1 又 1／2 大匙
鹽…依個人喜好添加
蔥花…1／2 ～ 1 根的量

作法
① 蛤蜊吐沙後，於大量水中讓外殼相互摩擦，搓洗乾淨，約換水 2 ～ 3 次。
② 鍋內放入酒、蛤蜊，蓋上蓋子、開大火。
③ 3 ～ 4 分鐘後打開蓋子，蛤蜊開始開殼時搖動鍋子，大部分都開殼完成就關火。
④ 試味道，覺得鹹度不夠再加少許鹽巴。
⑤ 盛裝於容器，撒上蔥花。

> 鮮美飽滿酒蒸蛤蜊的料理秘訣

①	②	③
放進3％鹽水吐沙	大火一口氣蒸熟	可以加入大蒜、薑等

室溫、陰暗處是最佳環境	**肉質飽滿狀態下開殼**	**增添風味避免加入過多鹽巴**
使用同海水濃度 3％的鹽水，約淹過蛤蜊的水量，置於室溫陰暗處 3 小時以上，讓蛤蜊進行吐沙。冰箱冷藏室溫度太低，蛤蜊不會吐沙。	以大火加熱的話，熱蒸氣可均勻擴散整個表面，連接雙殼處的蛋白質凝固，就能讓所有蛤蜊幾乎同時開殼。	鹽用量不易控制，尤其是酒蒸蛤蜊常不小心就得加得太鹹。加入大蒜、薑等辛香蔬菜調味，鹽巴只要一點點就夠，還可減少鹽分攝取量。

Q 炸雞，不同作法差異為何？

B 一次放很多下去炸

<作法>
用約180℃熱油，一次炸多量。

3分鐘後

OK!

美味好吃

炸得酥脆，口感軟嫩肉汁飽滿。

／外皮酥脆，肉汁飽滿！＼

A 分成少量多次油炸

<作法>
分成少量多次，放進約180℃熱油裡炸。

2分鐘後

OK!

口感佳

炸得酥脆，但要注意別炸過頭。

／外皮酥脆，但溫度有點不好掌控……＼

維持一定溫度，炸雞肉汁飽滿

一次同時炸太多的話，常導致油溫急速下降，無法炸得酥脆。不過只要控制好油溫，稍微多量也能在短時間內炸好，且外香脆內多汁。不用筷子或觀察麵衣來推測溫度，重點是確實使用溫度計測量。

Q 炸魚，哪種作法才正確？

B 一次放很多下去炸

<作法>
使用約180℃熱油，放入占滿鍋子表面積的量。

3分鐘後

NG!

不但費時，而且看起來有點濕黏。

╱ 一次同時炸太多，油溫易降低 ╲

A 分成少量多次油炸

<作法>
分成少量多次，放進約180℃熱油裡炸。

1分30秒後

OK!

口感佳

短時間完成，吃起來酥脆不油膩。

╱ 麵衣酥脆，內層魚肉鬆軟！ ╲

適合易熟魚類
少量、短時間油炸

魚類需要的加熱時間短，炸一下就會呈現漂亮顏色。

為避免麵衣炸得太焦，要控制溫度於短時間內完成。油炸時一次放太多，油溫會急速下降，既花時間炸起來也不酥脆，還很油膩。記得稍微提高油溫比較不會失敗！

Q 使用少量的油油炸，哪種作法才正確？

A 用高溫的大火油炸

<作法>
以180℃大火油炸。

5分鐘後

NG!

肉質變得乾柴。

＼ 容易焦掉…… ／

×

B 從較低溫開始慢慢油炸

<作法>
以170℃中火慢慢油炸。

5分鐘後

OK!

口感佳

美味成份不流失，多汁又好吃。

＼ 口感軟嫩多汁！ ／

**用少量的油油炸時
要從低溫開始慢慢炸**

用油量少的話，油溫上升得快，溫度一不小心就會過高，結果有時連魚肉都沒熟，麵衣就焦了。所以要從較低溫開始油炸，這樣麵衣不會焦，魚肉內部也能熟透，維持口感鮮嫩多汁。

164

Q 炸洋芋片，哪種作法才正確？

B 先稍微浸泡

＜作法＞
將馬鈴薯浸泡10分鐘左右，擦乾再放進180℃熱油裡炸。

4分鐘後

OK!

口感
酥脆

香脆，整體炸得均勻。

／ 又酥又脆！ ＼

A 不浸泡直接油炸

＜作法＞
將切片馬鈴薯直接放進180℃熱油裡炸。

4分鐘後

NG!

炸色不均，有深有淡。

✕

／ 不夠酥脆，還很油膩…… ＼

洋芋片要酥脆，油炸前先泡水

馬鈴薯含糖分，具有抓住水分的特性，水分在油炸時釋出，炸好會太軟潤。糖分溶於水，先將切片馬鈴薯浸泡溶出糖分，就能炸得酥脆。油炸前記把水分擦乾！

增強料理功力⑥
油炸

將食材加熱　利用足量的熱油

油炸料理

素炸	吉利炸（西式炸法）	炸雞‧炸魚
不沾裹麵粉或麵衣，直接油炸。	將食材沾裹蛋液和麵包粉，以高溫油炸。	將魚或肉類沾裹麵粉或太白粉，以高溫油炸。

目的

① 去除食材水分

利用高溫油脂加熱食物，同時蒸散表面水分。

② 吸收熱油讓食材熟透

表面水分蒸發後，油分取而代之滲透食材，加熱內部。

將表面上色 同時加熱內部

油炸料理的製作秘訣在於掌握油溫。油溫太高的話，食材內部尚未熟透，表面就已經焦掉了。相反地，油溫太低吸附油脂過多，吃起來就膩口。另外，若未充分去除水分，也會吸著太多油脂。要做出好吃的油炸料理，就從油溫控制開始吧！

炸油溫度決定一切

搭配食材改變溫度
炸得又酥又脆

要炸得酥脆，重點在於油炸溫度及時間的掌控。食材不同，加熱時間也有所差異。建議新手使用溫度計確實測量。將食材水分充分去除，也是秘訣之一。使用少量油油炸的話，要從較低溫就開始炸，讓水分得以慢慢蒸散。

如何做出好吃的炸物

使用溫度計

油溫會一直改變，建議使用溫度計測量，掌控溫度。

配合食材用量
維持溫度

注意火侯，控制溫度，同時稍微多炸些也沒問題。

麵衣定型前
儘量不移動食材

麵衣定型前就移動的話，容易剝落或破掉。

從表面冒出的水泡
判斷是否炸好

當食材表面冒出水泡逐漸減少，即可撈起。

1 炸雞

炸雞有時會遇到表面已上色，但肉卻沒熟透的狀況，一起來學會如何將炸雞炸得外皮酥脆肉質柔嫩吧！

recipe:

材料（2 人份）

雞腿肉・雞翅等…400g

A ┌ 酒…1／2 大匙
　├ 醬油…1／2 小匙
　├ 鹽…1／6 小匙
　└ 胡椒…少許

B ┌ 蛋…1／2 個的量
　└ 麵粉・太白粉…各比 2 大匙略少

沙拉油…1／2 大匙

油炸油…適量

作法

① 於調理碗中放入雞肉，加入 A 充分搓揉，靜置 10 分鐘左右。

② 於①加入 B，沾裹均勻，最後加入沙拉油混和。

③ 放進加熱至 160℃的油炸油中，輕拌油炸 5～6 分鐘取出。

④ 將油溫提高至 180～200℃，再將③放回熱油中，繼續炸到表面酥脆呈現金黃色為止。

酥脆好吃炸雞的料理秘訣

① 麵衣加入蛋液和油

炸得外酥內軟嫩

加入蛋液可附著更多粉體讓麵衣變厚，炸好麵衣口感酥脆且有存在感。

② 低油溫5～6分鐘

內部完全熟透

首先用較低溫 160℃的油慢慢炸，讓食材中心熟透，並去除多餘水分。

③ 高油溫炸第二次

讓外皮酥脆爽口

低溫油炸後先撈起，再用 180～200℃炸第二次。如不想分兩次炸，也可不撈起，於最後起鍋前加大火侯。

2 炸豬排

要炸到外層麵衣香脆微焦，內層豬肉柔嫩多汁，油炸溫度與時間是關鍵。

---

recipe:

材料（2 人份）
豬梅花肉…2 塊（1 塊 100g）
鹽·胡椒…各少許
蛋液…1／2 個的量
麵粉…2 大匙
麵包粉…1／2 杯
油炸油…適量

作法
① 豬肉用菜刀於幾處斷筋，輕輕捶打，撒上鹽和胡椒。
② 將蛋液過濾網倒入調理盤，麵粉及麵包粉也分別放入調理盤備用。
③ 將豬肉依序沾裹麵粉、蛋液，和麵包粉。
④ 放進預熱至 170℃熱油中，油炸 3 ～ 4 分鐘。

外香脆內軟嫩炸豬排的料理秘訣

①

使用肉錘斷筋

∨∨∨

肉質更加軟嫩

捶打肉塊能破壞筋質，使口感變軟。捶打過程肉塊的厚度會變薄，稍微整回原來的形狀再料理。

②

兩手夾住肉塊
按壓沾裹麵衣

∨∨∨

**麵衣均勻附著
比較不會剝落**

沾裹麵衣時要用兩手夾住肉塊按壓，讓麵衣附著牢固，如此一來可防止油炸時麵包粉散落，麵衣也炸得香脆。

③

只要翻面一次

∨∨∨

炸得香脆

炸豬排最好炸到表面吃得到微焦風味，內部肉質熟透。注意油溫，單面炸好再翻面。

3 什錦炸餅

利用麵糊將食材裹在一起的什錦炸餅，油炸時容易散開而失敗。炸得酥脆不散開的秘訣，記起來吧！

---

recipe:

材料（2 人份）
蝦子…10 隻（100g）
山芹菜…25g
麵糊
　蛋液（蛋黃）…1／2 個的量
　冰水…適量
　麵粉…1／2 杯
油炸油…適量

作法
① 蝦子去除泥腸。山芹菜切成 3～4cm 小段。
② 量杯內放入打散的蛋黃，加冰水至 1／2 杯，倒入調理碗混和均勻。
③ 用撒的方式將麵粉加入②，攪拌成沒有粉狀顆粒的麵糊。如果太稀可再加些麵粉。
④ 加入①混和，讓食材均勻沾裹麵糊。
⑤ 分次將 1／4 的④於木勺上整形，放進預熱 170℃ 熱油中，10 秒左右翻面，再將油溫提高到 180℃ 炸到酥脆。

什錦炸餅不散開的料理秘訣

① 麵糊調得有點稠度

防止麵衣散落

因為要將兩種以上食材包裹成形，麵糊要有點稠度黏性才夠。要防止炸餅散開，麵糊記得要調得濃稠些。

② 放在木勺上讓形狀平整

用筷子輕壓整形炸出漂亮形狀

油炸前，先放到木勺上整出形狀。可用筷子輕壓食材讓表面平整，防止炸餅散開或變形。

③ 油炸溫度稍低

表面定型後提高到 180℃

一開始就用高溫油炸的話，食材表面水分完全蒸散，容易炸得太焦。先用較低油溫，等表面定型了再提高溫度。

4 炸蝦

蝦子要炸得直挺挺，秘密就在食材處理的準備步驟。不想炸得捲成一團，就把重點記下來吧！

---

recipe:

材料（2人份）
蝦子…4隻
鹽・胡椒…各少許
麵衣
 ┌ 蛋液…1／2個的量
 └ 麵粉・麵包粉…各適量
油炸油…適量

作法
① 蝦子去除頭部和泥腸，剝殼留下最後一節及尾部。
② 於腹側幾處劃上刀痕，切掉尾端劍刺，壓出尾部水分。
③ 擦乾，輕輕撒上鹽和胡椒。
④ 依序沾裹麵粉、蛋液、麵包粉。
⑤ 在調理盤鋪上麵包粉，將裹好麵衣的蝦子排在上面，表面撒上麵包粉。用保鮮膜包起來，冷藏靜置約30分鐘。
⑥ 放進加熱至180℃熱油中，油炸1分鐘左右。

> 麵衣不脫落、直挺挺炸蝦的料理秘訣

① 蝦子的食材處理

炸好的蝦子不捲曲

蝦子去除泥腸、剝殼後，在腹側劃上幾處刀痕，如此一來油炸時就不會捲曲，外形筆直漂亮。

② 麵衣沾裹完成後要冷藏靜置

防止油滴噴濺及麵衣散落

沾裹完成後靜置一會兒，可防止麵衣散落炸得好看。另外，因為水分被充分吸收，也能減少油滴噴濺。

③ 以180℃短時間油炸

內層鬆軟，外層麵衣酥脆！

關鍵在高溫短時間油炸，儘量別讓油溫下降，以少量多次油炸。油炸時間過長，是麵衣太焦或軟潤的原因。

Q 用電子鍋煮飯，不同作法差異為何？

B 不浸泡 直接煮

＜作法＞
米洗好後直接炊煮。

❤️ 完成後

OK!

步驟
簡單

和A一樣，看起來蓬鬆具光澤感。

／ 鬆軟好吃！ ＼

A 先浸泡 再煮

＜作法＞
先浸泡一段時間，再開始煮。

❤️ 完成後

OK!

口感佳

看起來蓬鬆具光澤感。

／ 鬆軟好吃！
沒有浸泡也一樣！ ＼

用電子鍋的話 炊煮前不用浸泡

一般炊煮白米需要浸泡，冬天１小時，夏天30分鐘，不過微電腦控制的電子鍋基本上是不需要的。電源一切入水溫便急速上升（約40℃左右），米粒吸水速度變快，短時間之內就能吸飽水分。接著炊熟、蒸燜等過程，都在程式設定之下完成。

Q 用鍋子煮飯，不同作法差異為何？

B 不浸泡直接用鍋子煮

<作法>
米洗好後直接炊煮。

▼ 完成後

NG!

吃得到米芯，沒有熟透。

✕

／ 鬆散，硬硬的…… ＼

A 浸泡後用鍋子煮

<作法>
先浸泡一段時間，再開始煮。

▼ 完成後

OK!

米芯熟透，口感鬆軟。

口感佳

／ 鬆軟好吃，有光澤！ ＼

炊煮關鍵在於米粒內部吸飽水分

用鍋子炊煮白飯時，記得要讓米粒內部吸飽水分。沒有充分浸泡就開始炊煮，米粒外層水分與熱作用，表面熟了，但是水分無法到達內部，就會留下硬硬的米芯。

浸泡之後一直到鍋內沸騰，米粒還會持續吸水，慢慢（約花 8～10 分鐘）加熱到沸騰。

Q 什錦炊飯，哪種作法才正確？

A 米和調味料一起浸泡

＜作法＞
米和調味料一起浸泡約1小時之後，再加入配料炊煮。

▼ 完成後

NG!

品嚐不到食材風味。

✕

＼ 米芯硬，沒味道… ＼

B 要炊煮時才加入調味料

＜作法＞
米粒浸泡10～30分鐘，依序加入調味料、配料炊煮。

▼ 完成後

OK!

食材風味充分展現。

講究味道

＼ 鬆軟，風味十足！ ＼

調味料最後加入，別和米粒一起浸泡

鹽巴、醬油及酒等調味料會影響米粒吸水。用一般鍋子炊煮時，記得讓米粒充分吸水再加調味料，使用電鍋時，則是稍微讓米浸泡再調味。米和調味料一起浸泡是米芯煮不熟的原因。另外，擔心什錦炊飯煮起來黏糊軟爛的話，可加點酒維持米粒口感，還會增添風味。

Q 用電鍋煮紅豆飯，哪種作法才正確？

B 糯米浸泡水中1小時

<作法>
浸泡後瀝乾再炊煮。

⌄⌄⌄ 完成後

NG!

吃起來黏糊軟爛。

╲ 黏黏糊糊的…… ╱

×

A 糯米洗好之後馬上炊煮

<作法>
不浸泡直接炊煮。

⌄⌄⌄ 完成後

OK!

糯米口感加上豆子風味，好吃。

口感佳

╲ 吃起來Q彈，看起來有光澤！ ╱

糯米吸水速度快，不需預先浸泡

紅豆飯原本是用蒸籠製作的糯米飯，浸泡時間很重要。不過使用電子鍋時，浸泡反而會讓糯米飯變得黏糊軟爛，糯米洗好直接炊煮才會好吃。不同廠牌電子鍋需要水量不一，記得配合機種增減水量。

增強料理功力⑦
米飯料理

水分與熱能的作用 讓米飯澱粉發生變化

炊煮用具的種類

電鍋（電子鍋）

從浸泡到炊煮，全程都在程式設定下完成。

鍋子（琺瑯鍋等）

琺瑯鍋熱傳導快，炊煮飯量少時很方便。

土鍋（砂鍋）

熱傳導速度慢，米飯風味及甘甜能慢慢釋放出來。

澱粉的變化

① 讓 β－澱粉吸飽水分

讓充滿在米粒中的 β－澱粉吸飽水分。

》》》

② 加熱變成 α－澱粉

加熱讓結構鬆動，變成充滿空隙的 α－澱粉。

到底需要浸泡？還是不用？

使用電子鍋炊煮基本上不需浸泡。其他鍋子的話，冬天1小時、夏天30分鐘，讓米粒中心都吸飽水分。若沒有充分浸泡就炊煮，表面熟了，但是中心水分不足無法傳遞熱能，β－澱粉不會轉化成 α－澱粉，煮好後米芯仍是硬的狀態。

176

好吃秘訣在於如何加水加熱

不使用電子鍋，用鍋子炊煮時

炊煮白米的水量為米體積的1.2倍、米重量的1.5倍，浸泡後則是相同體積為佳。

用鍋子炊煮時，洗好要浸泡30～60分鐘讓米粒吸水，然後花8～10分鐘讓鍋內慢慢沸騰，沸騰後維持幾分鐘高溫再把火轉小，加熱20分鐘左右。關火，蓋著蓋子燜10分鐘左右。

使用鍋子炊煮的米飯變化

| 浸泡 | **浸泡吸水** 將米粒浸泡吸飽水分。 |

≫ 浸泡30～60分鐘
使用濾網瀝乾

| 加熱 開始 | **配合米量調整火候** 鍋中放入米和適量的水，蓋上蓋子花8～10分鐘讓鍋內慢慢沸騰。 |

≫ 大火2～3分鐘

| 小火 加熱 | **轉小火加熱** 開始聞到香味的時候，轉小火。 |

≫ 小火20分鐘

| 燜蒸 | **不掀蓋子** 關火後，蓋著蓋子燜10分鐘。 |

≫

| 完成 | **將米飯拌鬆** 讓多餘水氣蒸散，增加光澤感。 |

米的種類與加水量

米和水的比例

	米的種類		
	白米	胚芽米	免洗米
米	1	1	1
水	1.2	1.4	1.3

白米的加水量約為米體積的1.2倍。胚芽米在洗的時候怕洗掉胚芽，所以不洗直接炊煮，水量為米體積的1.4倍，需浸泡1小時左右。免洗米少了洗米時吸水的過程，不同於白米的是已去除米糠，所以1杯重量會比白米重，加水量為米體積的1.3倍。

1 白米飯

就算每天都煮的白飯，也有煮失敗的時候。複習一下鬆軟好吃、有光澤的白飯煮法吧！

---

recipe:

材料（2 人份）

【電子鍋】
白米…1 米杯（150g）
水…內鍋 1 米杯的刻度

【鍋子】
白米…1 杯（170g）
水…1.2 杯（240g）

作法

【電子鍋】
① 將米放進內鍋迅速清洗，加水至 1 米杯刻度，依照一般程序炊煮。

【鍋子】
① 控制火候，讓鍋內在 8 ～ 10 分鐘左右沸騰，沸騰後以大火加熱 2 ～ 3 分鐘。
② 轉小火加熱 20 分鐘，關火燜 10 分鐘。

※ 兩種作法在煮好後，都要將米飯拌鬆。

鬆軟好吃白飯的料理秘訣

迅速洗米

去除糠味

第一次的洗米水會溶出米糠，為不讓米粒吸收含雜質的水，充分攪洗後趕快把水倒掉。

用電子鍋炊煮
不必浸泡

**沒有預先浸泡
一樣水分飽滿**

電子鍋通常都有讓米粒短時間吸水的浸泡功能。不需浸泡就能煮出好吃的白飯，是電子鍋的優點之一。

用鍋子炊煮
先充分浸泡

**沒有浸泡的話
米芯無法熟透**

用鍋子炊煮時，一定要充分浸泡。沒有吸飽水分滲透米芯，飯粒就無法熟透。

2 稻荷壽司

醋香恰到好處，顆粒分明的壽司飯。
把煮法及如何拌醋學起來吧！

---

recipe:

材料（2 人份）

白米…1 米杯（150g）
水…內鍋壽司飯 1 米杯的刻度
昆布（3cm 正方片）…1 片
壽司醋 A
（醋…1 又 1／3 大匙、砂糖…1 大匙、
鹽…1 又 1／3 小匙）
油豆腐皮…小 2 片　白芝麻…1／2 大匙
滷汁 B
（水…1 又 1／3 米杯、砂糖…2 大匙、醬
油…1 又 1／2 大匙、酒…1 大匙、味
醂…1 小匙）

作法

① 將米放進內鍋迅速清洗後，加水至壽司飯 1 米杯刻度，加入昆布，依照一般程序炊煮。
② 煮好取出昆布，將米飯輕輕拌開，淋上拌勻的 A，靜置 30 秒左右。
③ 將②移至調理碗，將米飯從底部往上方翻拌，一邊用扇子搧涼。
④ 油豆腐皮切半打開，去油。
⑤ 於鍋中放入 B 和輕輕擰乾的油豆腐皮，放上落蓋，約煮 30 分鐘直到湯汁收乾。
⑥ 稍微擰掉⑤多餘的湯汁，裝進拌了白芝麻的壽司飯。

粒粒分明壽司飯的料理秘訣

①

稍微減少水量

**煮得比平常硬
再加入壽司醋**

為讓米飯加入壽司醋後，不要變得太黏糊，炊煮時水量要減少。減少米飯表面水分，讓醋汁更好吸收。

②

趁熱拌入壽司醋

**讓壽司醋
均勻滲透米飯**

於飯剛煮好，米粒內結構最膨鬆時加入壽司醋，醋汁滲透縫隙讓壽司飯更入味。

③
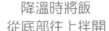

降溫時將飯
從底部往上拌開

**接著趕快
用扇子搧涼**

加了醋的米飯要從底部往上方翻拌，邊用扇子搧涼降溫，高溫會讓醋的風味蒸發。

3　竹筍炊飯

什錦炊飯常不小心就煮得太糊，不然就是顏色味道分布不均，把不失敗的秘訣學起來再試試吧！

---

recipe:

材料（2 人份）
白米…1 又 1／2 米杯
A ［昆布（5cm 正方片）…1 片
　酒・醬油…各 1 大匙
　鹽…1／3 小匙］
水煮竹筍…100g
油豆腐皮…1／2 片

作法
① 用鍋子炊煮的話，要在 30 分鐘～1 小時前先洗米，瀝乾後靜置。
② 油豆腐皮切絲。
③ 水煮竹筍切成容易食用大小的薄片。
④ 內鍋放入米和刻度標示的水量，撈掉 2 大匙水。加入 A、②、③鋪平，按一般程序炊煮。
⑤ 完成取出昆布，稍微拌勻。

什錦炊飯不黏糊的料理秘訣

①
在米粒浸泡後加入調味料

加入調味料後米粒就無法吸水了

使用電子鍋炊煮白飯時不用先浸泡，但記得炊煮時的調味料一定要最後加入。先加的話，米粒將無法吸飽水分。

②
要炊煮時才加調味料

撈掉 2 大匙的水再加調味料

無論電子鍋還是普通鍋子，調味料都要在浸泡後加入。重點在要炊煮時，先撈掉與調味料同量的水，再進行調味。

③
配料平鋪均勻

避免調味配色分布不均

儘量不要將配料和米粒拌在一起。在米飯上方平均鋪上配料，炊煮完成時配色調味才會均勻。

4 蛋炒飯

油脂包裹米粒，吃起來顆粒分明的炒飯。只要抓住訣竅，香噴噴又好吃的道地炒飯一點也不難。

---

recipe:

材料（2 人份）
白飯…400 ～ 450g
蛋…2 個
火腿…30g
蔥…1 ／ 2 根
沙拉油…3 大匙
鹽…1 ／ 5 小匙
醬油…1 ／ 2 小匙

※ 若使用冷飯，則先微波加熱。

作法
① 火腿切成 5mm 丁，蔥切末，蛋先在調理碗打散備用。
② 於鑄鐵平底鍋或中式炒鍋充分熱油後，倒入蛋液快速拌炒至半熟狀態，加入白飯。
③ 將白飯和蛋拌勻，加火腿和蔥。
④ 用鍋鏟從底部往上方翻炒 4 ～ 5 分鐘左右，炒到顆粒分明，最後加鹽、醬油調味。

> 顆粒分明蛋炒飯的料理秘訣

①
先熱鍋
再加油

**使用鑄鐵平底鍋
或中式炒鍋時**

好吃關鍵在於炒飯前充分熱鍋，但注意加了油之後就不能過度加熱了，油脂燒焦會影響風味外觀。

②
炒到聲響
霹哩啪啦

**拌炒 4 ～ 5 分鐘
米飯顆粒分明**

讓油膜充分包裹每顆米，吃起來就會顆粒分明，花點時間炒到出現霹哩啪啦的聲響為止。

③
沿著鍋緣倒入醬油

最後增添香味

醬油別直接淋上食材，要沿著鍋緣倒入。如此一來，更能燒出醬油的香氣。

COLUMN

如何煮出好吃的麵條

麵的煮法會依麵條種類如蕎麥麵、義大利麵，或是麵的狀態如生麵條、乾麵條等而不同。一起學會好吃麵條的煮法吧！

POINT 3

從頭到尾都用大火

持續用大火煮加熱，讓麵條在滾水中翻滾游動，除可均勻受熱，減少麵條間摩擦，煮好也會根根分明。

POINT 1

煮沸足量的水

將乾麵條放進足量滾水中，讓每根麵條均勻受熱，煮出滑溜順口的麵條。

POINT 4

小心水分噴濺溢出

麵條加熱後澱粉會溶出、糊化，湯汁變得黏稠就容易噴濺溢出，煮的時候要控制好火侯。

POINT 2

放入麵條，稍微攪拌

將麵條散開放入滾水中，攪拌到再次沸騰，麵條不會整個黏住或下沉黏在鍋底。

各式麵條的煮法要訣

蕎麥麵（乾麵條）

將麵條弄散放入足量滾水，一次放入一把，待下沉麵條浮起時輕輕攪拌。途中不需加水，控制火侯小心水分噴濺溢出。

烏龍麵（半生麵條）

於足量滾水中，不必弄散直接加入麵條。待麵條開始浮起再輕柔攪開。注意麵條未浮起時不要攪拌。

麵線（乾麵條）

將麵條弄散放入足量滾水，用筷子迅速攪拌。麵條煮好放在濾網沖水，稍微搓揉洗掉黏性。

義大利麵（乾麵條）

在加了鹽巴的足量滾水中，將麵條以放射線狀放入，攪拌讓麵條不要互相黏住。比包裝標示的時間早些撈起麵條，就能煮出麵芯不過軟的麵條。

拉麵（生麵條）

拍掉附著表面的粉後，放進足量滾水中，不時攪拌一下。建議比包裝標示時間早些撈起麵條，然後馬上瀝乾。

POINT 5

製作涼麵或冷麵時，麵條煮好立刻過水

放在濾網上稍微沖洗，洗去表面澱粉黏性，保留麵條彈性。燙好不作任何處理的話，麵條很快就會失去彈性。

POINT 6

煮義大利麵條時要加鹽

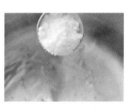

水沸騰時加入麵條重量 1% 的鹽巴，能讓麵條煮好有彈性，保留麵芯不過軟（即 al dente 的狀態）。

單面烤爐與雙面烤爐使用上有什麼差異？

　　烤魚盛盤的方向原則上是腹前背後，頭左尾右。切片魚肉通常有皮的面在上，但像鮭魚有時會將沒有皮的面在上來強調魚肉色澤。使用單面烤爐時，會在有皮的正面（盛盤時朝上的面）劃上刀痕、撒鹽巴，然後正面朝下先烤。使用兩面烤爐時也一樣，正面劃刀痕、撒鹽後燒烤，由於兩面烤爐可上下同時加熱，所以過程中不需翻面。要烤出好看的顏色，上火與下火的溫度控制和食材與烤爐間距離的掌握是其關鍵所在。

撒鹽巴增加肉質彈性。

盛盤的正面朝下先烤。

4

調味料的

功能與使用

不只用在調味，於備料時也是不可或缺的調味料，具有襯托食材風味、去除腥味或青臭味、脫水、防止食材在烹煮時變形等各種功用。

增強調味功力
調味料的用量

該怎麼調味才會好吃呢？

調味料的種類

固體類
高湯塊、咖哩塊等立方塊狀調味料。

液體類
醬油、醋、米酥、醬料、油等調味料。

粉末類
鹽、砂糖、胡椒、高湯粉及調味粉等調味料。

正確測量的目的

① 準確地將原味重現
搭配食材與料理調味，使用適當的量。

② 掌握鹽的用量
於健康管理面，控制鹽分攝取。

重新認識鹽含量，複習一下測量方法吧！

日本厚生勞動省的「日本人飲食攝取量基準（2015年版）」中公布了鈉的理想攝取量（換算成食鹽重量），以一天為單位，成人男性不超過8.0g，成人女性不超過7.0g為佳。減少鹽分攝取對於維持健康、預防像高血壓等慢性疾病都很有幫助，多注意鹽分攝取量及確實掌握調味料的份量。

＊依據台灣衛生福利部建議，成人每日鈉總攝取量不宜超過2,400毫克（即鹽6公克）。

量杯、量匙的計量方法

注意不要搖晃或敲打杯緣匙緣

計量調味料原則上使用量杯或量匙。鹽巴等固體類調味料要先多裝一點，再用刮刀將表面刮平，刮去多出來的量。過程中應避免搖晃或敲打杯緣匙緣，測出來的份量才正確。

調味料正確的測量方法

① 粉末類先舀滿滿高起再刮平

1大匙‧1小匙

先舀1匙滿滿的高出來，再用刮刀將表面刮平。

1／2大匙‧1／2小匙

先量好1匙，再將刮刀細柄置於量匙中央，挖出一半的量。

1／4大匙‧1／4小匙

先量好1／2匙，再用刮刀細柄挖出一半的量。

② 液體類盛裝到表面看起來飽滿

1大匙‧1小匙

裝滿滿1匙，表面看起來飽滿，快要滴下來的感覺。

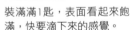

1／2大小匙
1／3大小匙

液體類用目測的。1／2大匙等於1又1／2小匙，1／3大匙約等於1小匙，可先裝進大匙，參考深度，再以小匙測量。

③ 量杯要保持水平

液體類

置於水平處，讓液體的高度與量杯刻度一致。

粉末類

置於水平處，依量杯刻度裝入粉末，不壓緊、保持原來鬆度。

調味料的鹽分含量

日常生活中普遍使用的調味料，沒想到竟隱藏不少鹽分。透過認識實際的鹽含量，讓少鹽飲食更容易實踐。

在測量調味料的重量及鹽含量時，1大匙為1小匙的3倍。為了讓大家更好理解，各種食鹽、醬油（濃口、淡口、少鹽）1匙到底含有多少鹽分，本表將小數點後第一位四捨五入以整數表示，希望對少鹽飲食的實踐能有所幫助！

調味料名稱	1大匙		1小匙	
	克數	鹽分含量（g）	克數	鹽分含量（g）
食鹽	18	18	6	6
粗鹽	15	15	5	5
精鹽	18	18	6	6
濃口醬油	18	3	6	1
淡口醬油	18	3	6	1
少鹽醬油（濃口）	18	1.5	6	0.5
純豆釀造醬油	18	2.3	6	0.8
甘露醬油	18	2.2	6	0.7
白醬油	18	2.6	6	0.9
鰹魚醬油	18	1.2	6	0.4
照燒醬油	18	0.6	6	0.2
魚露	18	4.2	6	1.4
甘味噌	18	1.2	6	0.4
米味噌（白味噌）	18	2.1	6	0.7
米味噌（紅味噌）	18	2.4	6	0.8
麥味噌	18	1.8	6	0.6
黃豆味噌	18	2.1	6	0.7
減鹽味噌	18	1.8	6	0.6
鰹魚味噌	18	2.4	6	0.8
辣椒醋味噌	18	0.6	6	0.2
芝麻味噌	18	0.6	6	0.2
醋味噌	18	0.6	6	0.2
味噌醬	18	0.6	6	0.2
味醂	18	0	6	0
味醂風味調味料	18	0	6	0
柚子胡椒	15	3.9	5	1.3
紅椒汁	18	0.3	6	0.1
豆瓣醬	18	3.3	6	1.1

調味料名稱	1大匙		1小匙	
	克數	鹽分含量（g）	克數	鹽分含量（g）
甜麵醬	21	1.5	7	0.5
沾麵醬（未濃縮）	18	0.6	6	0.2
沾麵醬（三倍濃縮）	18	1.8	6	0.6
柑桔醋醬油	18	0.9	6	0.3
伍斯特醬	18	1.5	6	0.5
伍斯特醬（中濃）	18	0.9	6	0.3
伍斯特醬（濃厚）	18	0.9	6	0.3
大阪燒醬	21	1.2	7	0.4
蠔油	18	2.1	6	0.7
番茄泥	15	0	5	0
番茄膏	18	0	6	0
番茄醬	15	0.6	5	0.2
番茄紅醬	18	0.1	6	0
辣醬	21	0.6	7	0.2
肉醬	21	0.3	7	0.1
法式濃醬（Demi-glace）	18	0.3	6	0.1
白醬	18	0.3	6	0.1
沙拉用和風調味料	15	1.2	5	0.4
法式沙拉醬	15	0.6	5	0.2
千島沙拉醬	15	0.6	5	0.2
和風沙拉醬	15	0.6	5	0.2
胡麻沙拉醬	15	0.3	5	0.1
西式醃漬用醬汁	18	0.3	6	0.1
美乃滋（含全蛋）	12	0.3	4	0.1
美乃滋（含蛋黃）	12	0.3	4	0.1
美乃滋（低熱量）	12	0.3	4	0.1
中式涼麵醬汁	18	0.6	6	0.2
串燒醬	18	0.9	6	0.3
烤肉醬	18	1.5	6	0.5
烤日式丸子醬	21	0.3	7	0.1
咖哩調理塊	1人份 20g	2.1		
牛肉燴飯調理塊	1人份 20g	2.1		

鹽巴

不只調味，還有突顯食材風味、去腥、脫水等作用，於備料時不可或缺。

1 鹽的種類

鹽的種類

精製鹽
氯化鈉純度 99％以上，乾燥、顆粒細緻。

天然鹽
氯化鈉純度 80 ～ 95％，帶點溼潤感、顆粒較粗。

2 調味用的鹽巴

撒在料理上

使用天然鹽

撒在毛豆或水煮蛋等，帶點溼潤感的天然鹽讓口味更顯層次。

突顯甜味

使用精製鹽

想襯托食材清爽甜味，就用精製鹽；想嚐起來較醇厚，就用精製度低的天然鹽。

烹煮湯品

用哪一種都可以

味道上沒有差別，但要注意精製鹽測量時，1 小匙比一般多出 1g，小心別加太多！

memo

**精製度不同
形成的差異**

精製指的是去除成分中鎂與鉀等成分。精製度高的精製鹽嚐起來清爽；精製度低的天然鹽嚐起來醇厚。

3 食材處理用的鹽巴

魚	小黃瓜

撒上鹽巴靜置 15 分鐘
於燒烤前先撒鹽靜置 15 分鐘，烤好的魚外層緊實，內部鬆軟。

抹鹽在砧板上滾一滾
破壞表面組織，讓小黃瓜變軟，顏色更加鮮豔。

抹鹽搓揉
鹽的脫水作用讓食材更好入味，口感變得爽脆。

秋葵	洋蔥	里芋

抹鹽在砧板上滾一滾
去除表面細毛，變得順口，顏色更翠綠。

搓揉清洗
要去除辛辣味時，抹鹽搓洗以破壞細胞，讓辛辣成分更容易釋出。

抹鹽搓揉
鹽巴有讓黏液凝結的作用，藉著搓揉的動作去除黏性。

蒲瓜乾	貝類

抹鹽搓揉
粗硬纖維可透過抹鹽搓揉破壞表面組織，讓蒲瓜乾軟化、容易泡發。

吐沙
泡在類似海水環境的鹽水，可以讓蛤蜊等雙殼貝吐沙。

memo

去鹹是什麼？

去鹹是將原本就具有鹹味的食材浸在 1% 淡鹽水，溶出食材中鹽分。

醬油・味噌

醬油和味噌是日本最具代表性的傳統發酵調味料，除了調味、增加香氣之外，也有去除腥味的作用。

1 醬油的種類和使用方法

醬油的種類

濃口醬油
以黃豆和小麥為主要原料，色香味調和得恰到好處。

淡口醬油
以黃豆和小麥為主要原料，鹽分含量高，顏色較淡，可襯托食材原色。

純豆釀造醬油
以黃豆為主要原料，顏色、風味較濃郁。適合當生魚片或串燒的沾醬。

保留食材顏色

淡口醬油

用於涼拌的白芝麻醬，或想呈現食材原色的燉煮料理、湯品、烏龍麵湯汁。

燉煮

濃口醬油分兩次加入

香味容易蒸散，燉煮時常分成調味與增香不同目的，分兩次加入。

西式料理

調成西餐醬汁

製作沙拉或牛排醬料時，只要加點醬油，就能調出和風口味。

memo

純豆釀造醬油和生魚片醬油的不同

兩者顏色、風味都屬濃郁，生魚片醬油又稱甘露醬油，是經過長時間熟成、未經加熱處理的醬油。

2 味噌的種類和使用方法

味噌的種類

米味噌
黃豆加入米麴、鹽，經熟成製作。有的鹹味較重有的較甘甜，還有多種顏色。

麥味噌
黃豆加入麥麴、鹽，經熟成製作。有麥子香氣與鮮味，顏色較淡。

黃豆味噌
黃豆加入黃豆麴、鹽，經熟成製作。甘甜度較低，呈現深咖啡色。

味噌湯

不須煮沸

煮沸會讓香味蒸散，鮮味成分也會變化而影響調味。

燉煮料理

分兩次加入

加熱會使香味蒸散，因此調味時先加一半，料理快完成時再加另一半。

醃漬蔬菜

增香添味，提高保存度

味噌含胺基酸可增添食材風味，鹽分能提高保存度。

memo

依季節使用不同的味噌

各種味噌的鹽分濃度都不一樣，發揮味噌特性，隨著季節變化使用不同味噌吧！黃豆味噌及紅味噌鹽度高，適合夏天清爽口感的味噌湯；白味噌鹽度低，煮成的味噌湯口感醇厚，也比較可以保溫。味噌湯的鹽分濃度基本為0.8％，記得以此數值作為標準。

砂糖・味醂

增加料理甘甜度的調味料，就是砂糖和味醂了。

除此之外，還有增加食材光澤感等其他功用。

1 砂糖的種類和使用方法

砂糖的種類

白砂糖
顆粒細緻，略帶濕潤感，可讓食材甘味及風味充分發揮。

糖粉
能夠快速溶解的粉末狀，甜味單純，適合用在甜點或飲料。

砂糖
甜度較低，風味甘醇，略帶濕潤感，呈現淡茶色。

煮軟食材

煮甜豆子

熬煮時若將砂糖一次加入，豆子會煮不軟，要分少量多次加入。

加進蛋白

製作蛋白霜餅

在蛋白中加入砂糖打發，讓泡沫中水分脫出就能定型。

做成凝凍

製作果醬

砂糖能與水果中的果膠結合成為凝凍狀。

memo

砂糖不只增加甜度
砂糖易溶於水，具有保水性。此外製作果醬時也有凝固作用。

2 味醂的種類和使用方法

純味醂

以米和麴為主原料的酒類，有甘甜味及鮮味。

味醂風調味料（有鹽）

原料為味精等調味料及糖類等，使用時要注意鹽分含量。

味醂風調味料（無酒）

幾乎不含酒精成分，因此加入後不用煮到酒精蒸散。

memo

味醂要煮到酒精蒸散

味醂或酒類所含的酒精成分會影響料理風味，經由最後加溫的動作讓酒精蒸散，留下甘甜的鮮味。

照燒魚料理

魚肉表面水分蒸散再加

若表面水分尚未蒸乾，就塗上加有味醂的醬料，不但調味會被稀釋，也不容易煮出光澤感。

燉煮蔬菜

食材熟透再加

食材熟透後加入味醂，內含糖分能防止食材煮爛。

日式菓子

依個人喜好斟酌使用

使用純味醂還是味醂風味調味料，風味口感幾乎沒什麼差異。

memo

使用砂糖代替味醂

砂糖 2 小匙加上日本酒 1 大匙可以取代味醂，味道幾乎相同。不過食材呈現的光澤度，就沒有味醂來得漂亮。

此外，料理酒通常都已添加鹽，使用時要注意鹹度。

Q 萃取高湯，哪種作法才正確？①

B 沸騰後繼續加熱 1 分鐘

＜作法＞
沸騰後繼續加熱1分鐘再把昆布取出。

 1分鐘後

OK!

美味好吃

沒有生腥味，充滿昆布的香氣。

╱ 香味濃郁！ ╲

A 於沸騰前取出昆布

＜作法＞
快沸騰時就取出昆布。

 昆布取出後

NG!

嚐不出昆布特有的鮮味。 ✕

╱ 平淡無味…… ╲

**沸騰前取出昆布，
無法釋出鮮味成分**

品質好的昆布富含鮮味成分胺基酸，煮太久會出現黏性及不好的味道，因此在沸騰前就要取出。

不過便宜的高湯用昆布胺基酸含量少，不建議在沸騰前就取出。煮1分鐘左右可讓鮮味成分釋出，湯底才會鮮美好喝。

196

Q 萃取高湯，哪種作法才正確？②

B 柴魚片和冷水一起從頭煮

<作法>
於冷水中加入柴魚片煮至沸騰，繼續用小火煮1分鐘。

1分鐘後

NG!

×

湯汁有點混濁，而且出現酸酸的味道。

／ 還出現腥味…… ＼

A 水滾後再放入柴魚片

<作法>
於滾水中加入柴魚片，用小火煮1分鐘。

1分鐘後

OK!

香味 & 美味

湯汁清澈，清甜好喝。

／ 又香又好喝！ ＼

柴魚片的鮮味成分短時間就會釋出

為了讓鮮味成分容易釋出，柴魚已加工成薄片狀。因此只要放進滾水1分鐘左右，鮮味成分就能充分釋放。鮮味成分主要為核醣核酸，帶有微酸味。

冷水時就加入的話，酸味會過度釋出影響高湯風味。建議煮1分鐘就關火，過濾後即可使用。

增強湯頭調味功力
萃取高湯

從富含鮮味成分的食材萃取

高湯的萃取法

冷水萃取
在容器中放入昆布等材料、加水，置於冰箱一晚。

煮沸萃取
以煮沸萃取，材料取出的時機非常重要。

高湯的種類

① **昆布高湯**
使用利尻昆布等乾燥昆布萃取，加熱前要先泡發。

② **鰹魚高湯**
使用柴魚片萃取的高湯，風味口感清爽。

③ **鰹魚昆布高湯**
高湯的基本款。融合兩種食材的鮮味、酸味及甘甜度。

④ **小魚乾高湯**
利用小銀魚煮熟乾燥製成的魚乾萃取，嚐起來帶微鹹味。

昆布加上柴魚片，美味的加乘效果

日本料理食譜上寫的「高湯」，通常指的是鰹魚昆布高湯。昆布的鮮味成分主要是麩胺酸（屬於胺基酸），鰹魚的則是肌苷酸（屬於核醣核酸），比起單獨使用，混和會得到相乘效果，更能發揮美味。

198

如何讓鮮味成分更有效釋出

只要多煮1分鐘 鮮味完全釋放

昆布鮮味成分於高溫時會溶出，柴魚片也一樣，而且已削切成薄片狀，只要1分鐘就能讓鮮味完全釋放。要萃取美味高湯，關鍵在沸騰後昆布要和柴魚片一起再煮1分鐘左右。雖有些情況會於沸騰前取出昆布避免產生不好的味道，但是家庭用昆布沒有這個必要。

鰹魚昆布高湯的作法
（容易製作的份量）

1 浸泡昆布

鍋中放入昆布（10g）和水（1L），靜置10分鐘泡發。

2 慢慢加熱至沸騰

加熱5～6分鐘至沸騰，讓昆布的鮮味成分慢慢釋出。

3 加入柴魚片

沸騰後加入柴魚片（20g），繼續煮1分鐘左右。

4 過濾湯汁

關火。待滾湯靜止柴魚片沉下，再用濾網過濾湯汁。

memo

昆布表面劃刀並無顯著效果

在昆布表面劃刀，感覺好像能幫助鮮味釋出，但實際上並無顯著差異，加熱前浸水泡軟反而比較有效。另外，等級高的昆布一般來說鮮味比較濃郁。

關於速成
濃縮高湯

沒有時間或只需要少量高湯時,利用非常便利的速成濃縮高湯。只要加水或熱水,就能簡單得到高湯。

什麼是速成濃縮高湯?

只要加水或熱水
就變成美味高湯了

速成濃縮高湯有日式、中式及西式等口味。有將食材精華製成粉末的,也有添加味精等調味的。注意成分標示,儘量選擇天然無添加的。

速成濃縮高湯的種類

日式高湯

昆布高湯
鰹魚高湯
小魚乾高湯

速成濃縮高湯有日式、中式及西式等口味。有將食材精華製成粉末的,也有添加味精等調味的。注意成分標示,儘量選擇無添加的。

西式高湯

清燉肉湯
法式高湯

以雞、牛及蔬菜等為基底的高湯,適合各種西式料理,也叫soup stock。

中式高湯

濃縮雞汁
中華高湯

濃縮雞汁是以雞骨為原料,加入蔥薑等辛香蔬菜熬煮而成,不同廠牌也以中華高湯為品名。

方便製作快速湯品；涼拌用少量高湯

想在短時間料理，或涼拌時只需少量高湯，使用濃縮高湯就非常方便。使用顆粒型日式高湯時，煮湯要在快沸騰時才加入；燉煮則一開始作為滷汁加入。茶包型濃縮高湯通常加到水或熱水煮，讓高湯成分溶出。

速成濃縮高湯的鹽含量

商品名稱	加水量	濃縮高湯（g）	鹽含量（g）
昆布高湯	熱水 300㎖（2 人份）	1	0.5
鰹魚高湯	熱水 300㎖（2 人份）	2	0.8
小魚乾高湯	熱水 300㎖（2 人份）	0.5	0.2
清燉肉湯	熱水 300㎖（2 人份）	5.3	2.4
西式雞湯	熱水 300㎖（2 人份）	7.1	2.4
法式高湯	熱水 300㎖（2 人份）	4	2.3
濃縮雞汁	熱水 300㎖（2 人份）	3	1.2
中華高湯	熱水 300㎖（2 人份）	17.5	2.1

萃取高湯的主要食材

　　可作高湯的食材主要有：昆布、柴魚片、小魚乾、乾香菇、蝦米、干貝、雞骨及魚粗（魚頭魚骨等剩下的部位）等多種，其風味各具特色。藉著浸泡或於滾水中熬煮，釋放鮮味成為美味湯底。市售的日式高湯顆粒、西式高湯塊雖方便，不過多花點工夫，從天然食材萃取不含化學調味料的高湯，料理口感會更有層次。若能充分發揮高湯美味，調味使用的鹽量就可減少。依不同料理用途，調配高湯吧！

昆布
利尻昆布、乾昆布等，經過乾燥加工。等級越高鮮味就越強。

柴魚片
將鰹魚煮過後乾燥，讓表面附著黴菌（柴魚片菌），再削切成薄片。

小魚乾
小銀魚煮過後經乾燥加工製成，略帶鹹度，也叫作「沙丁魚乾」。

蝦米
蝦子經乾燥加工製成，常用在中式或東南亞料理。

PART

5

一定要學起來

「換算量」
&
「可食量」

認識食材和調味料的「換算量」&「可食量」，
才能真正看懂食譜上記載的份量。料理要好
吃，秘訣就是正確掌握重量。

好實用

換算量 & 可食量 和廢棄量

掌握市面上食材大小與重量，可應用於烹調及營養成分計算。

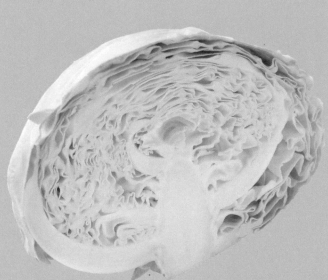

高麗菜…1/2顆＝650g

相對於食材單位的重量

所謂「換算量」，指的是相對於食材單位的重量。

常在食譜看到，例如：材料○○1個、○○1片、○○1塊等標示，對應於這些單位的重量就是換算量（概量）了。掌握換算量的話，對於計算熱量及營養成分將大有幫助，也能確認每天必需攝取食材的標準量。

認識「廢棄率」和「可食量」

食譜上的份量是標準「可食量」

將蔬菜剝皮去籽，處理魚頭內臟等，去除不可食用部位的比率稱作「廢棄率」。

廢棄率於「日本食品標準成分表」中制訂，將換算量乘上廢棄率即為廢棄量；而從換算量中扣除廢棄量即為「可食量」，食譜中記載份量原則上都是標準可食量。

$$廢棄率（\%）= \frac{廢棄量（g）}{換算量（概量）（g）} \times 100$$

「換算量」&「可食量」和「廢棄量」的關係

換算量	廢棄量	可食量
相對於食材單位的參考重量，也稱「概量」。	將參考重量（概量）乘以制定的廢棄率，即可得到廢棄量。	換算量扣除廢棄量，即為可食部位的量。（食譜所記載的基本上為可食量。）

竹筴魚1隻

150 g

頭部、魚腸、背骨、中骨

80 g

切成3塊的竹筴魚肉塊

70 g

白蘿蔔1根

1000 g

葉子、尖端、皮

250 g

切好的白蘿蔔塊

750 g

葉菜類

去除芯、根及近根處、莖等較硬部位後，幾乎都能食用的葉菜類，整體廢棄率低為其特徵。

	食材名稱	換算量	可食量	廢棄率
高麗菜 富含維他命C，尤其是靠近芯的部位。	**高山高麗菜**	1 顆＝ 1300g	1 顆＝ 1105g	15% （去除外葉和芯）
		1／2 顆＝ 650g	1／2 顆＝ 550g	15% （去除外葉和芯）
		1／4 顆＝ 325g	1／4 顆＝ 275g	15% （去除外葉和芯）
		1 片 （25×25cm ＝ 40g）	1 片＝ 35g	15% （去除外葉和芯）
	春季高麗菜	1 顆＝ 1050g	1 顆＝ 890g	15% （去除外葉和芯）
		memo	春季高麗菜的葉片包裹沒有像高山高麗菜那麼緊密，特徵是水分飽滿，口感柔嫩。	
	紫甘藍菜	1 顆＝ 1250g	1 顆＝ 1065g	15% （去除外葉和芯）
		1／2 顆＝ 625g	1／2 顆＝ 530g	15% （去除外葉和芯）
		memo	含有天然色素花青素所以呈現紫色，是對眼睛很好的營養素。易溶於水，建議新鮮生食。	
	高麗菜芽	3 個＝ 45g	1 個＝ 15g	0%
		memo	一株可採 50～80 個，比起一般高麗菜含有更多的維他命 C。	
日本水菜 別名京水菜。微淡辛辣味為其特徵。		1 株＝ 65g	1 株＝ 62g	5% （切除靠近根部）

食材名稱	換算量	可食量	廢棄率
小松菜 比菠菜含有更豐富鐵質及鈣質，較沒有青臭味或特殊氣味。	1 顆 = 1300g	1 顆 = 1105g	15% （切除靠近根部）
	1 株 = 45g	1 株 = 40g	15% （切除靠近根部）
春菊（山茼蒿） 獨特香氣能促進腸胃蠕動，軟嫩的葉片生食也OK。	1 把 = 220g	1 把 = 190g	10% （切除靠近根部）
	1 株 = 25g	1 株 = 23g	15% （切除靠近根部）
青江菜 和油脂非常對味，汆燙時可以加些油類。	1 株 = 100g	1 株 = 85g	5% （切除靠近根部）
油菜花 花莖和花蕾均可食用的春季蔬菜，帶微苦味。	1 把 = 200g	1 把 = 190g	5% （切除靠近根部）
	1 根 = 40g	1 根 = 38g	5% （切除靠近根部）
韭菜 具有滋養強身的效果，也有韭黃及韭菜花。	1 把 = 100g	1 把 = 95g	5% （切除靠近根部）
白菜 1 顆重量約為2～3公斤，方便食用的迷你品種最近也很受歡迎。	1 顆 = 3500g	1 顆 = 2800g	20% （去除外葉和芯）
	1 / 4 顆 = 875g	1 / 4 顆 = 700g	20% （去除外葉和芯）
	1 片 = 80g	1 片 = 80g	—
生菜 結球萵苣的一種，口感軟嫩、帶有光澤，是不可或缺的料理配角。	1 顆 = 90g	1 顆 = 80g	10% （去除芯）
	1 片 = 5g	1 片 = 5g	—
埃及國王菜 富含維他命A、B群、C和鈣質，是非常營養的蔬菜。	1 把 = 90g	1 把 = 90g	0%
	1 把 = 90g	1 把 = 70g	25% （去除硬梗）

食材名稱	換算量	可食量	廢棄率
菠菜 葉片呈鋸齒狀的是東方品種,較圓弧的是西方品種。	1 把 = 240g	1 把 = 230g	5% (切除靠近根部)
	1 / 2 把 = 120g	1 / 2 把 = 115g	5% (切除靠近根部)
	葉 1 片 = 3g	葉 1 片 = 3g	—
萵苣 很受歡迎的沙拉生菜,一般稱萵苣的是結球萵苣。	1 顆 = 360g	1 顆 = 350g	3% (去除芯)
	1 / 2 顆 = 180g	1 / 2 顆 = 175g	3% (去除芯)
	1 片 = 30g	1 片 = 30g	—
紅萵苣 拔葉萵苣的一種,葉片捲縮帶點紅紫色為其特徵。	1 顆 = 250g	1 顆 = 235g	6% (去除芯)
	1 片 = 25g	1 片 = 25g	—
綠葉萵苣 又稱皺葉萵苣,幾乎沒有苦味或青臭味。	1 / 2 顆 = 100g	1 / 2 顆 = 95g	6% (去除芯)
	1 片 = 25g	1 片 = 25g	—
韓式烤肉用生菜 拔葉萵苣的一種,常用在韓國料理。	1 片 = 6g	1 片 = 6g	0%

果實 · 莖菜

有的需要去除籽、皮、豆莢等部位,有的只要去蒂頭即可食用,廢棄率不一,依食材做適合處理。

食材名稱		換算量	可食量	廢棄率
蘆筍 具消除疲勞效果,因富含天門冬素(Asparagine)而以Asparagus為名。	綠蘆筍	1 根 = 30g	1 根 = 25g	20% (去除靠近根處及葉鞘)
		memo 在充足日照下成長的綠蘆筍,顏色翠綠且營養價值高,具有提升免疫力效果。		
	白蘆筍	1 根 = 15g	1 根 = 12g	20% (去除靠近根處及葉鞘)
		memo 以覆蓋土壤等方式不照射陽光栽培,味道濃郁為其特徵。		
	迷你蘆筍	1 根 = 3g	1 根 = 3g	0%
		memo 幼小時就採下的綠蘆筍,口感柔嫩,可省許多處理步驟,方便料理。		
帶葉毛豆 尚未成熟的黃豆採下來,即是帶葉毛豆,還有像茶豆或丹波黑大豆等品種也很有名。		1 把 = 430g (帶枝葉)	1 把 = 170g	60% (去除枝葉及豆莢)
		1 袋 = 300g (只有豆莢)	1 袋 = 165g	45% (去除豆莢)
		1 個豆莢 = 22g	1 個豆莢 = 15g	30% (去除豆莢)
秋葵 注意煮過頭會讓有營養的黏液漸少。		1 根 = 10g	1 根 = 9g	15% (去除頭尾端)
蠶豆 初夏的代表性蔬菜,鮮度是好吃的秘密,趁新鮮就趕快煮來吃吧!		1 個豆莢 = 22g	1 個豆莢 = 15g	30% (從豆夾取出)
		1 粒 = 5g	1 粒 = 5g	
青豆 雖然廢棄率偏高,但從豆莢取出的可食部分,其營養價值非常高。		1 個豆莢 = 10	1 個豆莢 = 5g (只有豆子)	50% (從豆夾取出)
		1 粒 = 1g	1 粒 = 1g	—

食材名稱		換算量	可食量	廢棄率
荷蘭豆 豆莢軟嫩可以食用的豌豆類。		1 個＝ 2g	1 個＝ 2g	8% （去除蒂頭）
敏豆（四季豆） 菜豆的嫩豆莢，具有豆類營養的蔬菜。		1 根＝ 4g	1 根＝ 4g	5% （去除蒂頭和尖端）
甜豆莢 也叫Snap pea，豆莢和豆子均可食用。		1 個豆莢＝ 8g	1 個豆莢＝ 7g	8% （去除蒂頭和粗絲）
洋蔥 從常見的褐皮洋蔥、到紫洋蔥、迷你洋蔥等種類眾多。	**洋蔥**	中 1 顆（帶皮） ＝ 160g	中 1 顆＝ 150g	5% （去皮和頭尾）
		中 1／2 顆＝ 80g	中 1／2 顆＝ 75g	5% （去皮和頭尾）
	紫洋蔥	1 顆＝ 170g	1 顆＝ 160g	5% （去皮和頭尾）
		1／2 顆＝ 85g	1／2 顆＝ 80g	5% （去皮和頭尾）
	迷你洋蔥	1 顆＝ 20g	1 顆＝ 20g	5% （去皮和頭尾）
白花椰菜 主要食用花蕾，盛開的吃起來口感較柔嫩甘甜，而且價格便宜，特徵是所含的維他命C加熱也不易流失。		1 株＝ 600g	1 株＝ 300g	50% （去除葉和粗梗）
		1 株＝ 600g	1 株＝ 450g （粗梗也食用）	25% （粗梗也食用）
		1 小朵＝ 15g	1 小朵＝ 15g	─
小黃瓜 葉片呈鋸齒狀的是東方品種，較圓弧的是西方品種。		1 根＝ 100g	1 根＝ 100g	2% （切除頭尾）
		斜切薄片 1 片＝ 3g	斜切薄片 1 片 ＝ 3g	─
		沙拉棒 1 條＝ 7g	沙拉棒 1 條＝ 7g	─

食材名稱		換算量	可食量	廢棄率
櫛瓜 其實是和南瓜屬同一科。淺色蔬菜，熱量低，適合與油類一起料理。		1 = 210g	1 = 200g	4% （切去兩端）
		1／2條（上） = 110g	1／2條（上） = 105g	5% （切去蒂頭）
		1／2條（下） = 100g	1／2條（下） = 95g	3% （切去尾端）
沖繩苦瓜 苦瓜的一種，是沖繩最具代表性的蔬菜。		1 條= 220g	1 條= 190g	15% （去除兩端及籽）
西洋芹 葉片也含有各種營養，可以食用別浪費了。		1 根= 150g	1 根= 100g	35% （去除葉子及粗絲）
		1 根（不含葉） = 100g	1 根（不含葉） = 98g	2% （去除粗絲）
		10cm = 35g	10cm = 35g	─
玉米 鮮度流失很快，趁新鮮及早食用。		1 根= 310g	1 根= 155g	50% （去除外皮‧細鬚及芯）
番茄 原產於南美安地斯山脈，世界上有8000以上品種。	**番茄**	中 1 顆= 200g	中 1 顆= 195g	3% （去除蒂頭）
		中 1 顆= 200g	中 1 顆 （熱水剝皮） = 185g	8% （去除蒂頭和皮）
		中 1／8 顆 = 25g	中 1／8 顆 = 25g	
	迷你番茄	1 顆= 15g	1 顆= 15g	3% （去除蒂頭）
		1 盒= 190g	1 盒= 185g	3% （去除蒂頭）
	水果番茄	1 顆= 60g	1 顆= 60g	3% （去除蒂頭）

	食材名稱	換算量	可食量	廢棄率
南瓜 西洋品種吃起來較鬆軟，日本品種口感綿密。	**西洋南瓜**	1 顆＝ 1400g	1 顆＝ 1190g	15% （去除蒂頭及籽）
		1 ／ 2 顆＝ 700g	1 ／ 2 顆＝ 600g	15% （去除蒂頭及籽）
		薄片 1 片＝ 15g	薄片 1 片＝ 15g	—
	日本南瓜 （栗子南瓜）	1 顆＝ 700g	1 顆＝ 600g	15% （去除蒂頭及籽）
		1 ／ 2 顆＝ 350g	1 ／ 2 顆＝ 300g	15% （去除蒂頭及籽）
茄子 於日本國內約 180 種，有許多地域性的品種。	**日本茄子**	1 條＝ 80g	1 條＝ 70g	10% （切除蒂頭）
	小茄子	1 條＝ 35g	1 條＝ 30g	10% （切除蒂頭）
	長茄子	1 條＝ 120g	1 條＝ 110g	10% （切除蒂頭）
	米茄子	1 條＝ 250g	1 條＝ 175g	30% （切除蒂頭）
椒類 與辣椒同種，含有豐富維他命。	**青椒**	1 顆＝ 25g	1 顆＝ 20g	15% （去除蒂頭及籽）
	紅椒	1 顆＝ 40g	1 顆＝ 35g	15% （去除蒂頭及籽）
	彩色甜椒	1 顆＝ 210g	1 顆＝ 190g	10% （去除蒂頭及籽）

食材名稱		換算量	可食量	廢棄率
花椰菜（綠花椰菜） 梗含的維他命C是花蕾的兩倍，留下來料理別浪費了，還要注意別煮過頭！		1 株＝ 420g	1 株＝ 210g	50% （去除梗及葉片）
		1 株＝ 420g	1 株＝ 300g （粗梗也使用）	30% （粗梗也使用）
		1 小朵＝ 15g	1 小朵＝ 15g	－

根菜類・芋薯類

有些可連皮食用，但大多還是需要削皮。只削皮的話，廢棄率大約是 15%，竹筍則是 50%。

食材名稱		換算量	可食量	廢棄率
蕪菁 注意煮過頭營養價值會散掉。葉子營養價值高，也可以食用。	**蕪菁（帶葉）**	大 1 顆＝ 180g	大 1 顆＝ 125g	30% （去除根、梗、葉以及皮）
		只有葉子＝ 30g	只有葉子＝ 30g	－
	蕪菁（帶梗）	1 顆＝ 170g	1 顆＝ 150g	10% （切除根和梗）
		1 顆＝ 170g	1 顆＝ 135g	20% （削皮）
	迷你蕪菁（帶葉）	4 顆＝ 280g	4 顆＝ 250g	10% （切除根、梗及葉）
白蘿蔔 可整腸健胃的白蘿蔔，適合磨成泥直接吃，也適合燉滷或醃漬，用途廣泛。		1 根＝ 1000g	1 根＝ 750g	25% （去除葉和皮）
		1／2 根（上）＝ 600g	1／2 根（上）＝ 450g	25% （去除葉和皮）
		1／2 根（下）＝ 400g	1／2 根（下）＝ 330g	17% （削皮）
		10cm＝ 350g	10cm＝ 300g	15% （削皮）

食材名稱	換算量	可食量	廢棄率
牛蒡 稀有食材,可消除便秘。	1 整根 = 165g	1 整根 = 150g	10% (切去尾端、削皮)
	1 段 = 60g	1 段 = 55g	10% (切去尾端、削皮)
	10cm = 30g	10cm = 28g	7% (切去兩端、削皮)
紅蘿蔔 主要分成東洋品種與西洋品種,一般吃的多為西洋品種。	大 1 根 = 230g	大 1 根 = 190g	18% (切去頭尾、削皮)
	中 1 根 = 150g	中 1 根 = 125g	18% (切去頭尾、削皮)
	小 1 根 = 90g	小 1 根 = 75g	18% (切去頭尾、削皮)
	中 1 / 2 根(上)= 110g	中 1 / 2 根(上)= 95g	13% (切去尾端、削皮)
	中 1 / 2 根(下)= 40g	中 1 / 2 根(下)= 35g	10% (切去尾端、削皮)
	10cm = 120g	10cm = 110g	10%(削皮)
蓮藕 外型有許多孔洞,在日文與「看得到美好展望」諧意,會帶來好兆頭的食物。	大 1 節 = 330g	大 1 節 = 265g	20% (切去兩端、削皮)
	中 1 節 = 190g	中 1 節 = 150g	20% (切去兩端、削皮)
	小 1 節 = 150g	小 1 節 = 120g	20% (切去兩端、削皮)
竹筍 鮮度降低就會變硬、出現苦味,因此要趁新鮮時汆燙起來。	1 根(帶殼)= 300g	1 根 = 150g	50% (去殼和根部)
	1 根(水煮)= 240g	1 根(水煮)= 240g	—
	穗尖 1 / 2 根(水煮)= 75g	穗尖 1 / 2 根(水煮)= 75g	—
	靠根部 1 / 2 根(水煮)= 165g	靠底部 1 / 2 根(水煮)= 165g	—

食材名稱		換算量	可食量	廢棄率
番薯（地瓜） 靠近表皮部位富含纖維質，想改善便祕的話，記得連皮一起吃！		1 條＝ 400g	1 條＝ 360g	10%（切去頭尾）
		1／2 條＝ 200g	1／2 條＝ 180g	9%（切去尾端）
		10cm ＝ 230g	10cm ＝ 215g	6%（切去尾端）
芋頭（日本品種） 母芋會長出子芋、孫芋，象徵子孫滿堂的開運菜。	**里芋**	1 顆＝ 80g	1 顆＝ 70g	15%（削皮）
	小芋	1 顆＝ 30g	1 顆＝ 25g	15%（削皮）
	海老芋	1 顆＝ 170g	1 顆＝ 145g	15%（削皮）
馬鈴薯 男爵口感鬆綿，五月皇后吃起來密實帶點Q度。	**男爵**	1 顆＝ 150g	1 顆＝ 135g	10%（削皮）
		1／2 顆＝ 75g	1／2 顆＝ 70g	10%（削皮）
	五月皇后	1 顆＝ 150g	1 顆＝ 135g	10%（削皮）
	新馬鈴薯	1 顆＝ 50g	1 顆＝ 45g	10%（削皮）
山藥 相對於里芋，生長於山上所以稱山芋，可生食。	**長山藥**	1 根＝ 540g	1 根＝ 460g	15%（削皮）
		10cm ＝ 290g	10cm ＝ 250g	15%（削皮）
	野生山藥	1 根＝ 880g	1 根＝ 750g	15%（削皮）

	食材名稱	換算量	可食量	廢棄率
山藥	大和芋	1／2根＝280g	1／2根＝240g	15%（削皮）
		1杯（泥）＝220g	1杯（泥）＝220g	—

菇類・辛香蔬菜・其他

菇類通常需要切除根部。記住大蒜、薑等1瓣或1小塊的換算量，烹調時實用方便。

食材名稱	換算量	可食量	廢棄率
香菇 鮮味濃郁香氣足，曬乾的話維他命D會大幅增加。	1朵＝30g	1朵＝25g	25%（去除硬梗）
	1朵＝30g	1朵＝28g	5%（切除根部）
金針菇 白色的細長外型為其特徵，最近也有咖啡色的品種。	1大包＝200g	1大包＝170g	15%（切除根部）
玉蕈 日本人常說「香則松茸，味則玉蕈」，鮮美味道不輸松茸，口感也很棒。	1顆＝40g	1顆＝35g	15%（切除根部）
	1／2顆＝20g	1／2顆＝15g	15%（切除根部）
鴻禧菇 市售常見的菇類。野生鴻禧菇略帶有苦味。	1包＝200g	1包＝170g	15%（切除根部）
	1／2包＝100g	1／2包＝85g	15%（切除根部）
雪白菇 鴻禧菇經品種改良的白色菇類。	1包＝140g	1包＝120g	15%（切除根部）
杏鮑菇 含有豐富纖維質，帶點嚼勁的口感為其特徵。	大1個＝80g	大1個＝75g	8%（切除根部）
	小1個＝30g	小1個＝30g	8%（切除根部）

食材名稱	換算量	可食量	廢棄率
舞菇 像裙擺折疊的形狀，口感好風味佳。	1 包＝ g	1 包＝ 100g	10% （切除根部）
蘑菇 世界上最廣泛被食用的菇類。	1 顆＝ 15g	1 顆＝ 15g	5% （切除根部）
滑菇 滑滑黏黏，口感獨特的菇類。	1 包＝ 105g	1 包＝ 105g	－
	1 杯＝ 110g	1 杯＝ 110g	－
大蒜 蔥的同類，有6瓣的品種，以及12～13瓣的原生種。	1 瓣＝ 5g	1 瓣＝ 5g	8% （剝皮去芯）
	1 大匙（末）＝ 10g	1 大匙（末）＝ 10g	－
	1 小匙（末）＝ 3g	1 小匙（末）＝ 3g	－
	1 大匙（泥）＝ 15g	1 大匙（泥）＝ 15g	－
	1 小匙（泥）＝ 5g	1 小匙（泥）＝ 5g	－
薑 一般指的是老薑，採收後要放2個月以上才上市。	1 塊＝ 15g	1 塊＝ 10g	20% （削皮）
	1 薄片（帶皮）＝ 3g	1 薄片（帶皮）＝ 3g	－
	1 大匙（末）＝ 10g	1 大匙（末）＝ 10g	－
	1 小匙（末）＝ 3g	1 小匙（末）＝ 3g	－
	1 大匙（泥）＝ 15g	1 大匙（泥）＝ 15g	－
	1 小匙（泥）＝ 5g	1 小匙（泥）＝ 5g	－

食材名稱		換算量	可食量	廢棄率
茗荷 食用部位為花穗。		1 個＝ 20g	1 個＝ 20g	3% （切去根部）
日本大蔥 栽種時會把土推高，因此埋在土中的蔥白部位長，也叫作白蔥（根蔥）。		1 根＝ 140g	1 根＝ 100g	30% （切去根及綠色部位）
		1 ／ 2 根＝ 60g （蔥白）	1 ／ 2 根＝ 60g （蔥白）	—
		10cm ＝ 30g	10cm ＝ 30g	—
		1 大匙（蔥末）＝ 8g	1 大匙（蔥末）＝ 8g	—
萬用蔥 較早採收的葉蔥，又稱細蔥。		1 把＝ 95g	1 把＝ 90g	6% （切去根部）
		1 大匙（蔥花）＝ 3g	1 大匙（蔥花）＝ 3g	—
		1 小匙（蔥花） ＝ 1.5g	1 小匙（蔥花） ＝ 1.5g	—
珠蔥 蔥與洋蔥的混合品種。分歧的形狀又被稱作「分蔥」。		1 把＝ 155g	1 把＝ 150g	4%（切去根部）
		1 大匙（蔥花） ＝ 3g	1 大匙（蔥花） ＝ 3g	
		1 小匙（蔥花） ＝ 1.5g	1 小匙（蔥花） ＝ 1.5g	
山蕗菜 日本特有的山菜，其中「愛知早生蕗」非常有名。		1 把＝ 370g	1 把＝ 220g	40% （去除根、葉及皮）
豆芽菜 豆類種子發芽	**綠豆芽**	1 袋＝ 230g	1 袋＝ 225g	3% （去細根）
	黃豆芽	1 袋 180 ＝ g	1 袋＝ 175g	4% （去細根）

食材名稱		換算量	可食量	廢棄率
青紫蘇葉 別名「大葉」，花穗可作成生魚片盤飾，紅紫蘇常用來醃漬梅子。		1 把（10 片） = 10g	1 把 = 10g	0%
		1 片 = 1g	1 片 = 1g	0%

memo　廢棄率最多的蔬菜是？

包在豆莢內的毛豆、蠶豆或青豆，易剝好幾層殼的竹筍、芯很粗的玉米等廢棄率都偏高。另外，像花椰菜的廢棄率高低則決定於食用粗梗與否。

水果類

日本比起其他國家，水果攝取量偏低。把水果當成零食，或作成甜點、果汁、奶昔等，多吃一些水果吧！

食材名稱		換算量	可食量	廢棄率
酪梨 營養價值很高的果實，不過脂肪含量也高，注意別吃太多！		1 個 = 200g	1 個 = 140g	30% （去除皮和籽）
		1／2 個 = 100g	1／2 個 = 70g	30% （去除皮和籽）
草莓 6～7顆便能攝取足1日所需的維他命C。		1 粒 = 20g	1 粒 = 20g	2% （去蒂頭）
柳橙 有臍橙、晚崙西亞（香丁）等多種，也有日本產的品種。		1 顆 = 300g	1 顆 = 180g	40% （去除表皮、薄皮和籽）
		1／2 顆 = 150g	1／2 顆 = 90g	40% （去除表皮、薄皮和籽）
日本蜜柑 在柑橘類中是皮薄、易食用的。		小 1 個 = 60g	小 1 個 = 45g	25% （去除皮和籽）

食材名稱	換算量	可食量	廢棄率
檸檬 維他命C含量在水果中數一數二，果皮又為果肉的2倍。	1 顆＝120g	1 顆＝115g	3% （去蒂頭和籽）
	1／2個＝60g	1／2個＝60g	─
	1 片（輪狀）＝10g	1 片（輪狀）＝10g	─
奇異果 含有分解蛋白質的酵素，和魚或肉類料理一起食用能夠促進消化。	1 顆＝100g	1 顆＝g	15% （去皮和蒂頭）
	1／2顆＝50g	1／2顆＝g	15% （去皮和蒂頭）
葡萄柚 略帶苦味為其特徵，果肉顏色有白色、粉紅色和紅寶石色。	1 顆＝340g	1 顆＝g	30% （去除表皮、薄皮和籽）
	1／2顆＝170g	1／2顆＝g	30% （去除表皮、薄皮和籽）
西瓜 夏天的水分補給！靠近中心、瓜蒂、種籽的周圍會比較甜。	M1顆＝5 k g	M1顆＝3 k g	40% （去除皮和籽）
	1／8顆＝625g	1／8顆＝375g	40% （去除皮和籽）
香蕉 出現斑點時最好吃。	1 根＝170g	1 根＝100g	40% （去皮）
	1 串＝850g	1 串＝500g	40% （去皮）
哈密瓜 在沙漠地區非常大眾化，傳入日本後成為溫室栽培的高級水果。	小1顆＝1 k g	小1顆＝550g	45% （去除皮和籽）
	1／8顆＝125g	1／8顆＝70g	45% （去除皮和籽）
蘋果 王林、紅玉、黃金裘納、富士、陸奧等種類豐富。	1 顆＝270g	1 顆＝230g	15% （去除皮、芯和籽）
	1／2顆＝135g	1／2顆＝115g	15% （去除皮、芯和籽）
	1／8顆＝35g	1／8顆＝30g	15% （去除皮、芯和籽）

食材名稱		換算量	可食量	廢棄率
梨子 日本常見品種的幸水、豐水、新水，合稱「三水」。		1 顆＝ 300g	1 顆＝ 255g	15% （去除皮、芯和籽）
桃子 在常溫下完熟，開始出現甜甜香氣時就可以吃了。		1 顆＝ 250g	1 顆＝ 210g	15% （去除皮、芯和籽）
葡萄（美國無籽葡萄） 美國 Delaware 是較小顆品種，無籽食用方便。		1 串＝ 150g	1 串＝ 130g	15% （去皮）
枇杷 讓人想到初夏的水果之一，產季很短。		1 顆＝ 50g	1 顆＝ 35g	30% （去皮和籽）
無花果 美容效果多，英文是「fig」。		1 顆＝ 100g	1 顆＝ 85g	15% （去皮）
萊姆 外型比檸檬要小，酸味強。		1 顆＝ 90g	果汁 1 顆的量＝ 30g	65% （去皮和籽）

堅果類

有益健康美容的食材之一。建議 1 天攝取堅果類 10 ～ 20 粒，或芝麻 1 ／ 2 ～ 1 大匙，有益健康。

食材名稱		換算量	食材名稱		換算量
杏仁 富含維他命 E，最近杏仁漿也大受關注。	**杏仁粒**	1 杯＝ 110g	**芝麻** 營養豐富的健康食品，有白色、黑色和金色。	**芝麻粒**	1 大匙＝ 9g
		1 粒＝ 1.5g			1 小匙＝ 3g
	杏仁片	1 杯＝ 80g		**芝麻醬**	1 大匙＝ 15g
					1 小匙＝ 5g
核桃 含有對健康很好的 Omega-3 不飽和脂肪酸，於堅果類中含量第一。		1 杯＝ 80g		**芝麻粉**	1 大匙＝ 15g
		1 粒＝ 4g			1 小匙＝ 5g
腰果 堅果類中脂肪含量較少的。		1 杯＝ 120g			
		1 粒＝ 1.5g			
甘栗（已剝皮） 日本栗子的內皮不易剝除，市面上多是中國產的。		1 杯＝ 160g			
		1 粒＝ 5g			

📎 memo

杏仁或核桃等堅果類富含抗氧化成分，不僅用在麵包甜點，也可加入沙拉、涼拌或優格，代替零食也很棒！記得儘量選擇無鹽的。記住堅果類量杯或量匙的換算量，料理時就會很方便。

果乾類

濃縮水果風味及營養的果乾類，含有多量膳食纖維，具整腸效果，也很適合拿來做甜點。

食材名稱		換算量	食材名稱		換算量
葡萄乾 加州產葡萄乾很有名。		1 杯＝ 130g	**腰果** 堅果類中脂肪含量較少的。		1 杯＝ 120g
黑棗乾 女性的美容聖品。		1 杯＝ 150g	**腰果** 堅果類中脂肪含量較少的。		1 杯＝ 130g

海藻類

富含礦物質及膳食纖維，而且熱量很低。經鹽漬或乾燥加工能長期保存，存放在廚房，每天都攝取一些吧！

食材名稱	換算量	食材名稱	換算量
昆布 真昆布、利尻昆布、日高昆布等，種類豐富。	3cm 正方片＝ 1g 10cm 正方片＝ 10g	**乾燥海帶芽** 容易保存，使用時不必去鹽，很方便。	1 大匙＝ 2g 1 杯＝ 25g →泡發後 250g
乾燥昆布絲 又稱為細絲昆布、切絲昆布。	1 包＝ 40g →泡發後 170g	**乾燥羊栖菜** 有長洋栖菜，和芽羊栖菜。	1 大匙＝ 3g →泡發後 30g
鹽漬昆布 過滾水後醃漬加工的產品。	1 搓＝ 40g →泡發後 50g	**褐藻絲** 具獨特滑溜口感的細條狀海藻。	1 杯＝ 180g
📎 memo 記住乾燥、鹽漬等昆布泡發前後的重量，烹調時就很方便。		**綜合海藻** 數種不同海藻混和的產品。	1 袋＝ 40g →泡發後 170g

肉類

販賣前已處理好的肉類，掌握換算量，例如帶骨肉品的廢棄量高可食部位少等，料理時會很實用。

	食材名稱	換算量	可食量	廢棄率
豬肉片 種類多樣，依不同料理選擇部位。	里肌肉切片	1 大盒＝ 300g	1 大盒＝ 300g	0%
		1 片＝ 20g	1 片＝ 20g	0%
	梅花肉切片	1 片＝ 35g	1 片＝ 35g	0%
	腿肉切片	1 片＝ 20g	1 片＝ 20g	0%

食材名稱			換算量	可食量	廢棄率
豬肉 氽燙、燉滷、油炸、煎炒等，使用範圍廣泛。	**豬五花肉**		1 塊＝250g	1 塊＝250g	0%
	豬里肌肉 （帶油花）		1 塊＝270g	1 塊＝270g	0%
	豬小里肌 （腰內肉）		1 塊＝200g	1 塊＝200g	0%
	煎炸豬排用肉		1 塊＝100g	1 塊＝100g	0%
	豬肋排		大 1 根＝140g	大 1 根＝90g	35% （去骨）
			小 1 根＝40g	小 1 根＝25g	35% （去骨）
牛肉 含有特別多鐵質。和牛的水分含量少油花多。	**牛排用** （沙朗・帶油花）		1 塊＝140g	1 塊＝140g	0%
	整塊牛肉		1 塊＝230g	1 塊＝230g	0%
	牛腱		1 塊＝85g	1 塊＝85g	0%
	牛肉片 （腿肉）		1 片＝30g	1 片＝30g	0%
雞里肌肉 1隻雞只有2條，非常稀少的部位。			1 條＝50g	1 條＝48g	5% （去筋）

224

食材名稱			換算量	可食量	廢棄率
雞胸肉 低脂高蛋白，口感柔軟味道清爽。	帶皮		1 塊＝ 270g	1 塊＝ 270g	0%
	去皮		1 塊＝ 215g	1 塊＝ 215g	0%
	切片		1 片＝ 20g	1 片＝ 20g	0%
雞腿肉 腿的根部，口感豐實油脂較多。	帶皮		1 塊＝ 280g	1 塊＝ 280g	0%
	去皮		1 塊＝ 200g	1 塊＝ 200g	0%
	切成 一口大小		1 小塊＝ 25g	1 小塊＝ 25g	0%
帶骨雞肉 常用作炸雞或燉煮料理。	帶骨雞腿		1 根＝ 340g	1 根＝ 200g	40% （去骨）
	雞翅 （二節）		1 根＝ 55g	1 根＝ 35g	40% （去骨）
	雞翅 （中段）		1 根＝ 25g	1 根＝ 15g	40% （去骨）
	雞翅 （根部）		1 根＝ 45g	1 根＝ 30g	40% （去骨）

食材名稱	換算量	可食量	廢棄率
雞胗 胃部的肌肉,即「砂囊」。	1 塊 = 30g	1 塊 = 30g	0%
雞胗(去除白膜) QQ脆脆的口感,低脂且無腥味。	1 小塊 = 4g	1 小塊 = 4g	0%

肝臟・絞肉・加工肉品

由於已經處理好或加工過了,所以廢棄量為零。可直接烹調非常方便,肝臟類記得料理前要放血去腥。

	食材名稱	換算量		食材名稱	換算量
肝臟 含有多種維生素及鐵質等營養素。	**牛肝**	1 切片 = 15g	**加工肉品** 為了增加保存性加工製成的產品。	**火腿** (里肌/薄切)	1 片 = 20g
	肝臟	1 切片 = 10g		**火腿** (無骨/厚塊)	1 條 = 620g
	雞肝	1 個 = 55g		**培根** (薄切)	1 片 = 15g
絞肉 利用絞肉機絞碎的肉。柔軟易食,但也容易腐壞。	**牛絞肉**	1 小包 = 100g		**培根** (厚塊)	1 條 = 280g
	豬絞肉	1 小包 = 130g		**小熱狗**	1 條 = 20g
	雞絞肉	1 小包 = 125g		**熱狗**	1 條 = 25g
	牛豬絞肉 (牛6:豬4)	1 小包 = 130g	📎 memo 加工肉品一天的攝取量最好不要超過 70g,不過這是每天食用的建議量。		

全魚

如果自己處理全魚的話,骨頭或魚粗都可料理不會浪費。記下換算量與廢棄率,烹調時就很方便。

食材名稱	換算量	可食量	廢棄率
竹莢魚 以前主要做成鹽烤或魚乾,最近成為生魚片的基本菜色。	1 尾= 150g	1 尾= 70g	55% (去除頭部、內臟、中骨及稜鱗)
	三片剖法 1 片= 35g	三片剖法 1 片= 35g	0%
	剖開 1 片= 60g	剖開 1 片= 60g	0%
沙丁魚 黑色斑點為其特徵,也有斑點呈現2~3排的沙丁魚。	1 尾= 110g	1 尾= 50g	55% (去除頭部、內臟和中骨)
	三片剖法 1 片= 25g	三片剖法 1 片= 25g	0%
	剖開 1 片= 65g	剖開 1 片= 65g	0%
鰈魚 味道清爽,從冬季到春季盛產的帶卵鰈魚也很好吃。	1 尾= 160g	1 尾= 80g	50% (去除頭部、內臟和中骨)
梭魚 體型較大、油脂飽滿的梭魚,鹽烤特別好吃。	1 尾= 150g	1 尾= 90g	40% (去除頭部、內臟和中骨)
秋刀魚 美味在於油脂香氣與微苦內臟的秋季魚產。	1 尾= 160g	1 尾= 110g	30% (去除頭部、內臟和中骨)
鯛魚 一直以來被視為喜氣、能帶來好運的食材。	1 尾= 330g	1 尾= 165g	50% (去除頭部、內臟和中骨)

memo 全魚的廢棄部位

主要為頭、內臟、骨頭等,但由於每條魚的鮮度與尺寸不同,有些廢棄部位也可食用。另外,利用殘留一點魚肉的廢棄部位(魚粗),也能煮出美味高湯!

切片魚肉 · 生魚片 · 魚干

切片魚肉非常方便，不需特別處理就能直接烹調。認識 1 切片或 1 魚磚（生魚片用肉塊）等的份量，料理時可作參考。

食材名稱		換算量	食材名稱		換算量
鮭魚 加工產品也很多。出現於餐桌的頻率很高，種類及	**新鮮鮭魚**	1 片＝ 120g		**土魠魚** 鯖魚的同類。肉質柔軟，味道清爽。	1 片＝ 100g
	鹽漬鮭魚	1 片＝ 80g		**沙鮻** 低脂含水量高，很好的減肥食材。	1 片（剖切後） ＝ 25g
	煙燻鮭魚	1 片＝ 10g	**生魚片** 以生食的方式享用，具代表性的日本料理。	**鰹魚**	1 魚磚＝ 260g
金目鯛 和鯛魚不同種，引人目光的朱紅色高級魚種。		1 片＝ 100g		**鮪魚**	1 魚磚＝ 230g
青甘 在日文又叫出人頭地魚，隨著體型長大稱呼也會跟著改變。		1 片＝ 110g	**魚干** 將海鮮類乾燥，提高保存性。	**柳葉魚**	1 尾＝ 15g
鯖魚 新鮮度不易維持，要趁早料理。		1 片（剖半） ＝ 180g		**竹筴魚干**	1 尾＝ 120g
鯛魚 油脂少，好消化。		1 片＝ 100g	memo	柳葉魚從頭到尾都可以食用，無廢棄部位，皮和骨頭的營養素都能完全攝取。	

📎 memo　切片魚肉的廢棄率幾乎是0嗎？

切片魚肉也有剩下魚皮的情況，因此廢棄率未必是0。不過魚皮含有多種營養素，吃不吃皮營養價值大不相同。把魚皮一起吃掉，讓廢棄率變成0吧！

海鮮類

大部分都是低熱量高蛋白的海鮮類，帶殼蝦子或貝類的廢棄率較高，選購時要留意一下。

	食材名稱		換算量	可食量	廢棄率
蝦子 象徵長壽的開運食材。一整隻都可食用的櫻花蝦富含鈣質。	**有頭蝦**（草蝦）		4 尾＝ 100g	4 尾＝ 45g	55%（去頭、殼和內臟）
	無頭蝦（芝蝦）		7 尾＝ 100g	7 尾＝ 75g	25%（去殼和內臟）
	蝦仁		1 杯＝ 170g	1 杯＝ 170g	0%
	櫻花蝦		1 杯＝ 25g	1 杯＝ 25g	0%
			1 大匙＝ 2g	1 大匙＝ 2g	0%
章魚 據說世界上食用最多章魚的是日本人。	**水煮章魚**		小 1 杯＝ 250g	小 1 杯＝ 250g	0%
			腳 1 條＝ 130g	腳 1 條＝ 130g	0%
	水章魚腳（巨型章魚）		1 條＝ 250g	1 條＝ 250g	0%
	切塊章魚		1 塊＝ 8g	1 塊＝ 8g	0%

memo 無頭蝦和有頭蝦的差異

兩者差異在於是否去除蝦頭。有頭蝦常用在年節料理，長長鬍鬚和像老人彎腰的身形，託付著大家祈禱長壽的願望。

食材名稱			換算量	可食量	廢棄率
烏賊 脂肪含量少、有嚼勁，很棒的瘦身食材。	槍烏賊 （透抽）		1 隻＝ 250g	1 隻＝ 190g	25% （去除軟骨和內臟）
	北魷		1 隻＝ 250g	1 隻＝ 190g	25% （去除軟骨和內臟）
	螢烏賊		5 隻＝ 25g	5 隻＝ 25g	0%
	一夜干		1 隻的量＝ 150g	1 隻的量＝ 150g	0%
	魷魚腳・ 花枝腳		1 隻的量＝ 35g	1 隻的量＝ 35g	0%
	冷凍 烏賊清肉		1 片＝ 170g	1 片＝ 170g	0%
扇貝 含有豐富礦物質及牛磺酸。	帶殼		1 顆＝ 160g	1 顆＝ 80g	50% （去殼）
	干貝		1 顆＝ 30g	1 顆＝ 30g	0%
花蛤 鮮美好吃，營養滿分！	帶殼		5 粒＝ 50g	5 粒＝ 20g	60% （去殼）
			1 杯＝ 200g	1 杯＝ 80g	60% （去殼）
	去殼蛤肉		1 杯＝ 200g	1 杯＝ 200g	—

食材名稱		換算量	可食量	廢棄率
蜆仔 雖然小小一顆，但營養價值高，對肝臟很好。		1 杯＝ 185g	1 杯＝ 75g	60% （去殼）
蛤蜊 日本的女兒節一定會喝的就是蛤蜊清湯了。		帶殼 3 粒＝ 90g	帶殼 3 粒＝ 35g	60% （去殼）
海螺 貝類的一種，略帶苦味和Q脆的口感為其特徵。		特大 1 顆＝ 120g	特大 1 顆＝ 50g	60% （去殼）

食材名稱	換算量	食材名稱	換算量
魩仔魚 主要是鯷科魚類的幼魚。	1 片＝ 120g 1 片＝ 80g	**魩仔魚乾** 魩仔魚乾燥製成。	1 片＝ 120g 1 片＝ 80g
蒲燒鰻魚 具有恢復疲勞效果。	1 片＝ 10g	**鮭魚卵** 一顆一顆撥散的鮭魚卵。	1 片＝ 10g
鯷魚 鯷科魚類小魚的醃漬品。	1 片＝ 100g	**鱈魚子** 黃線狹鱈卵巢的醃漬品。	1 片＝ 100g
📎 memo　幼小時就採下的綠蘆筍，口感柔嫩，可省去許多處理步驟，方便料理。		**明太子** 將鱈魚子和辣椒等調味料醃漬而成。	1 片＝ 110g

魚漿製品

把魚肉打成漿加入調味料後，以蒸煮、煎烤或油炸等方式加熱定型而成的加工食品，主要用作關東煮。

食材名稱	換算量	食材名稱	換算量
竹輪 用棒子把魚漿捲起成形，蒸熟或煎熟。	大條 （16 ＊ 3cm） ＝ 230g 小條 （10.5 ＊ 2.5cm） ＝ 25g	**魚板** 將調味魚漿加熱製成。	1 條＝ 150g 1／10 切片 ＝ 15g

食材名稱	換算量	食材名稱	換算量
薩摩揚 魚漿油炸後的製品，類似台灣的甜不辣。	1 片＝ 55g	**蟹肉棒** 顏色風味都很像蟹肉的魚板。	1 條＝ 15g
牛蒡捲 用魚漿包住牛蒡油炸製成的甜不辣。	1 條＝ 20g	**蒟蒻塊** 成分幾乎是水的健康食品。	1 塊＝ 250g
山藥魚板 魚漿加入山藥水煮製成的。	1 片＝ 100g	**蒟蒻絲結** 白色蒟蒻絲打結而成。	1 盒＝ 200g
日式魚丸 魚漿加入蛋白製成。	3 顆＝ 60g	**蒟蒻條** 切成條狀的蒟蒻。	1 盒＝ 180g

乳製品

使用牛奶或羊奶等，動物乳汁加工製成的食品，比生乳有更高營養價值。

食材名稱		換算量	食材名稱		換算量
起司 營養為鮮奶的10倍，少量就能補充滿滿營分。	**起司片**	1 片＝ 18g	起司	**乳酪起司**	1 盒＝ 200g
	加工乳酪 （ processed cheese ）	1 個＝ 25g		**起司粉**	1 杯＝ 90g
					1 大匙＝ 6g
	茅屋起司 （ cottage cheese ）	1 盒＝ 125g		**比薩用起司**	1 杯＝ 210g
	卡門貝爾起司	1 塊＝ 120g			1 大匙＝ 15g
		1 ／ 6 塊＝ 20g	🔖 memo	起司約 100g 即可滿足 1 天的鈣質所需。	

食材名稱		換算量	食材名稱		換算量
鮮乳·優格等 能補充易缺乏的鈣質。	無糖優格	1 杯＝ 220g	鮮乳·優格等	鮮奶油	1 杯＝ 200g
		1 大匙＝ 18g			1 大匙＝ 15g
	鮮奶	1 杯＝ 210g		脫脂奶粉	1 杯＝ 85g
		1 大匙＝ 15g			1 大匙＝ 6g

蛋類

蛋的換算量於烹調或製作甜點時非常實用。有時蛋白和蛋黃會分開使用，因此也要記得個別的用量。

食材名稱	換算量	可食量	廢棄率
雞蛋 營養均衡、取得容易的優良食材。	L 1 個＝ 70g	L 1 個＝ 60g	15% （去殼和繫帶）
	M 1 個＝ 60g	M 1 個＝ 50g	15% （去殼和繫帶）
	S 1 個＝ 50g	S 1 個＝ 45g	15% （去殼和繫帶）
蛋黃 富含維他命A·B群·D。	M 1 個＝ 20g	M 1 個＝ 20g	－
蛋白 含90％水分，剩下的是蛋白質。	M 1 個＝ 30g	M 1 個＝ 30g	－
鵪鶉蛋 雖然小顆，但鐵質、維他命A·B2很豐富。	3 個＝ 30g	3 個＝ 25g	15% （去殼）
皮蛋 中式料理常用的食材，鴨蛋的加工食品。	1 個＝ 85g	1 個＝ 50g	45% （去殼和泥巴）
	剝殼 1／2 個 ＝ 25g	剝殼 1／2 個 ＝ 25g	－

豆類・黃豆製品

豆類含有比芋薯或根菜類更豐富的膳食纖維，是非常健康的食物。

食材名稱		換算量	食材名稱		換算量
豆腐 黃豆加工食品中最具代表的，依不同作法有許多種類。	嫩豆腐	1 塊＝ 200 ～ 400g	豆皮 較濃的豆漿加熱後表面形成的薄膜。	生豆皮	1 片＝ 30g
	板豆腐	1 塊＝ 200 ～ 400g		乾燥豆皮	1 片（6 * 9cm）＝ 3g
	烤豆腐	1 塊＝ 300g	納豆 超級健康食品。		1 盒＝ 50g
	朧豆腐 （半凝固）	1 塊＝ 300g	豆漿 蛋白質、維他命 B1 的含有率幾乎接近牛奶。		1 杯＝ 210g 1 大匙＝ 15g
	油豆腐	1 片＝ 200g	豆渣 纖維。 日文又叫卯之花、雪花菜，成分一半以上為膳食	生豆渣	1 杯＝ 135g 1 大匙＝ 10g 1 小匙＝ 4g
	油豆腐皮	1 片＝ 20 ～ 40g			
	豆腐丸子	1 顆（直徑 4.5cm）＝ 55g		乾燥豆渣	1 杯＝ 55g 1 大匙＝ 4g 1 小匙＝ 1g
📎 memo 豆腐 1 塊的大小每個地域都不太一樣，都會區約 300 ～ 350g，在沖繩則 1kg 是很常見的。					

食材名稱		換算量	可食量	廢棄率
凍豆腐 別名高野豆腐，可長期保存非常方便。		4 塊＝70g	300%	210g
黃豆 不輸給蛋或肉類的優良蛋白質來源。		1 杯＝150g	約 215%	320g
水煮大豆 可作成和風五目豆、煎豆或味噌等。		1 杯＝165g	―	―
金時豆 大紅豆，是花豆的一種。		1 杯＝160g	約 200%	320g
水煮金時豆 適合德州燉辣肉醬等燉煮料理。		1 杯＝140g	―	―
紅豆 較大顆的品種「大納言」不容易煮破皮。		1 杯＝180g	約 250%	450g
水煮紅豆 用在製作紅豆飯、紅豆粥、紅豆餡或甜湯時。		1 杯＝140g	―	―
白芸豆 花豆的一種。		1 杯＝160g	約 220%	350g
水煮白芸豆 可以煮成甜豆，做沙拉或豆泥。		1 杯＝140g	―	―
扁豆 形狀類似凸鏡，不需要泡發。		1 杯＝170g	―	―

食材名稱		換算量	可食量	廢棄率
水煮扁豆 可來用煮湯、咖哩，或當可樂餅的餡料。		1 杯＝ 175g	－	－
鷹嘴豆 又叫雞豆、雪蓮子，類似栗子的口感。		1 杯＝ 160g	約 200%	320g
水煮鷹嘴豆 可用來做沙拉、湯或咖哩等。		1 杯＝ 155g	－	－

米飯・麵條・麵包

當成主食的米飯、麵條、麵包等 1 餐或 1 份的量，計算卡路里時也可拿來參考。

食材名稱		換算量	食材名稱		換算量
米飯 富含維他命B群、礦物質、膳食纖維，是重要的能量來源。	**白米**	1 米杯＝ 150g	糯米・年糕	**紅豆飯**	1 碗＝ 150g
	白飯	1 碗＝ 150g		**切塊年糕**	1 塊＝ 50g
	五穀飯	1 碗＝ 150g		**水煮蕎麥麵** 可用海苔捲起來作成蕎麥壽司。	1 球＝ 160g
	玄米飯	1 碗＝ 150g		**中式熟麵條** 可作成拉麵或炒麵等。	1 球＝ 180g
	發芽玄米飯	1 碗＝ 150g		**水煮烏龍麵** 可作成涼麵或炒烏龍麵。	1 球＝ 220g
	粥	1 碗＝ 200g	📎 memo	白飯 1 碗的碳水化合物為 55.2g，在意糖類攝取的人可先筆記起來。	

食材名稱		換算量	水煮膨脹率	水煮後重量
蕎麥麵（乾燥）		1 把 = 90g	255%	1 把 = 230g
烏龍麵（乾燥）		1 把 = 90g	300%	1 把 = 270g
麵線（乾燥）		2 把 = 100g	250%	2 把 = 250g
米粉（乾燥）		1 包 = 150g	160%	1 包 = 240g
義大利麵（乾燥）		1 份 = 100g	235%	1 份 = 235g
中式麵條（生麵條）		1 球 = 135g	165%	1 球 = 220g
冬粉（乾燥）		1 袋 = 100g	250%	1 袋 = 250g

乾麵條・生麵條

乾麵條的保存期限較長，可以調整要煮的量及麵條硬度。生麵條則是口感很好。

食材名稱	換算量	食材名稱	換算量
土司 烤成四方形麵包的一種。	1 包 = 400g 1 片（6 片切）= 65g 1 片（8 片切）= 50g	**法國麵包**（短棍Bâtard） 法語是「中等」的意思，形狀比長棍短粗。	1 條（8.5×40cm）= 270g 10cm = 70g 1cm = 7g
奶油捲 加有大量奶油的麵包。	1 個 = 30g	**葡萄麵包** 加入葡萄乾的麵包。	1 個 = 40g

食材名稱	換算量	食材名稱	換算量
法國麵包 （長棍baguette） 法語也是「長棍」的意思，細長形狀的法國麵包。	1 條（6.5 ＊ 60cm）＝ 250g	**貝果** 先用熱水燙過再烤的甜甜圈形狀麵包。	1 個＝ 100g
	10cm ＝ 40g	**玉米片** 玉米加工製成，很好消化。	1 杯＝ 35g
	1cm ＝ 4g		
可頌 用麵團將奶油一層層包裹折疊烘烤而成。	1 個＝ 40g	📎 memo　外皮酥脆內層鬆軟的法國麵包，要選擇「實際重量比看起來輕的」。	

粉類・其他

這邊要來介紹製作日式及西式甜點、麵包及許多料理都會用到的粉類，還有中華料理中常見的餃子皮等的換算量。

食材名稱	換算量	食材名稱	換算量
高筋麵粉 含有較多麩質（gluten）。用在麵包或中式包子。	1 杯＝ 110g	**梗米粉（上新粉）** 可加入日式甜點，也用在西式甜點。	1 杯＝ 130g
	1 大匙＝ 9g		1 大匙＝ 9g
	1 小匙＝ 3g		1 小匙＝ 3g
低筋麵粉 用在蛋糕等甜點，或炸天婦羅時。	1 杯＝ 110g	**糯米粉（白玉粉）** 可加入豆腐做成健康湯圓。	1 杯＝ 110g
	1 大匙＝ 9g		1 大匙＝ 9g
	1 小匙＝ 3g		1 小匙＝ 3g
太白粉（片栗粉） 調成芡汁加入料理增加濃稠口感。	1 杯＝ 130g	**米粉** 可用於麵包、甜點和油炸料理。	1 杯＝ 130g
	1 大匙＝ 9g		1 大匙＝ 9g
	1 小匙＝ 3g		1 小匙＝ 3g

食材名稱	換算量	食材名稱	換算量
麵包粉 麵包磨粉乾燥製成。	1 杯 = 40g 1 大匙 = 3g 1 小匙 = 1g	**泡打粉** 即 BAKING POWDER，略稱 BP。	1 大匙 = 12g 1 小匙 = 4g
新鮮麵包粉 比一般麵包粉保存期限短。	1 杯 = 40g 1 大匙 = 3g 1 小匙 = 1g	**吉利丁粉** 原料是膠原蛋白，一般用來做果凍。	1 袋 = 5g
		寒天粉 原料是海藻，可用來做羊羹或杏仁豆腐等。	1 袋 = 4g
玉米澱粉 常用在餅乾、蛋糕，油炸料理也會使用。	1 杯 = 100g 1 大匙 = 6g 1 小匙 = 2g	**餃子皮** 水餃皮較厚，煎餃皮較薄。	1 片（直徑 8mm）= 6g
		春捲皮 要注意包捲時的表裏面，摸起來粗糙的是裏面。	1 片 = 14g
		燒賣皮 比起餃子皮來得薄，稍微偏硬。	1 片（6.5cm 正方）= 4g
燕麥片 燕麥的加工食品，方便食用。	1 杯 = 80g 1 大匙 = 6g 1 小匙 = 2g	**餛飩皮** 加了鹼水，所以呈現淡黃色。	1 片（9.5cm 正方）= 5g
		📎 memo	掌握粉類分量於製作甜點時特別重要，建議先過篩後再測量喔！

像營養師一樣使用營養成分表，
試算每天所吃下食物的熱量及鹽分吧！

蔬菜5盤	飯麵3份	零食吃水果	記住營養成分的話，就能均衡攝取每日所需營養。掌握常見料理的營養價值，設計菜單時也能派上用場。
黃綠色蔬菜2盤 淺色蔬菜2盤 芋薯類1盤	飯、麵或麵包3份	水果1／2～1個	

鎂（mg）	鐵（mg）	維他命A（μg）	維他命D（μg）	維他命E（mg）	維他命B_1（mg）	維他命B_2（mg）	菸鹼酸（mg）	維他命B_6（mg）	維他命B_{12}（μg）	葉酸（μg）	維他命C（mg）	膽固醇（mg）	膳食纖維（g）	食鹽換算量（g）
27	0.5	6	7.1	0.0	0.10	0.10	4.4	0.30	7.0	4	0	54	0.0	2.2
43	1.0	24	7.3	2.1	0.16	0.17	4.6	0.40	7.1	71	44	96	2.3	1.8
63	0.6	10	0.2	1.7	0.10	0.45	5.1	0.26	4.3	43	13	200	1.5	3.1
28	1.8	7	25.6	2.0	0.02	0.31	5.8	0.39	12.6	8	0	54	0.4	2.0
44	1.0	27	0.2	2.9	0.12	0.11	3.1	0.12	1.6	34	16	178	1.1	1.9
21	1.0	13	11.9	1.4	0.01	0.22	5.7	0.41	12.3	11	0	52	0.0	2.2
25	0.5	83	25.7	1.5	0.14	0.19	5.4	0.53	4.7	27	12	72	0.8	1.3

1天要吃多少食物呢？（盤子數計算法）

1天攝取的主食及配菜的基本量為

魚1或肉1	豆1	豆1	牛奶2杯
魚類或肉類 的配菜1盤	黃豆或豆製品 的配菜1盤	蛋的配菜1盤	牛奶2杯

料理別營養成分表		料理名稱	材料（1人份）	熱量（kcal）	蛋白質（g）	脂肪（g）	碳水化合物（g）	鈉（mg）	鈣（mg）
魚1		鹽烤竹筴魚	竹筴魚1尾、鹽1／3小匙	101	15.7	3.6	0.1	884	53
		炸竹莢魚	竹筴魚（1尾）可食部位80g、高麗菜2片、檸檬適量、鹽1／4小匙、胡椒少許、麵粉·蛋·麵包粉·油炸油各適量	289	35.6	19.0	12.2	731	101
		滷白蘿蔔花枝	烏賊（軀幹）可食部位80g、白蘿蔔100g、薑片1片、高湯100ml、酒·味醂·醬油各1大匙	160	16.8	0.8	14.8	1236	40
		梅干滷沙丁魚	沙丁魚（2尾）可食部位80g、梅干1顆、薑片1片、酒1大匙、味醂1／2大匙	177	15.5	7.4	5.9	763	64
		炸蝦	蝦子（3尾）可食部位80g、生菜·檸檬各適量、鹽1／4小匙、麵粉·蛋·麵包粉·油炸油各適量	214	36.4	11.8	8.6	759	54
		鹽烤秋刀魚	秋刀魚1尾、鹽1／3小匙	238	14.1	18.9	0.1	884	21
		嫩煎鮭魚	新鮮鮭魚（切片／1片）可食部位80g、檸檬片（輪狀）1片、鹽1／6小匙、乾燥香草香料少許、麵粉1／2大匙、奶油1大匙、西洋菜（水芹菜）	207	35.1	13.4	5.0	534	27

鎂（mg）	鐵（mg）	維他命A（μg）	維他命D（μg）	維他命E（mg）	維他命B₁（mg）	維他命B₂（mg）	菸鹼酸（mg）	維他命B₆（mg）	維他命B₁₂（μg）	葉酸（μg）	維他命C（mg）	膽固醇（mg）	膳食纖維（g）	食鹽換算量（g）
34	0.4	8	4.0	0.9	0.08	0.06	5.0	3.27	1.0	24	5	54	0.8	1.0
28	1.2	43	6.4	1.7	0.19	0.31	7.8	0.38	3.0	11	6	58	0.3	1.4
22	1.0	4	0.0	0.4	0.08	0.17	3.3	0.28	1.8	8	1	51	0.1	1.4
79	1.9	218	2.6	0.7	0.31	0.39	11.1	0.51	1.4	83	23	71	9.6	3.0
39	1.7	81	0.3	1.1	0.63	0.25	5.1	0.42	0.5	62	20	59	2.6	0.5
28	1.0	23	0.4	1.9	0.55	0.24	3.1	0.31	0.5	64	31	97	1.6	1.2
26	0.8	99	0.1	0.8	0.08	0.22	4.9	0.45	0.2	18	4	64	0.4	1.7
28	1.2	40	1.1	0.4	0.13	0.25	4.1	3.23	0.5	41	6	178	0.7	1.2

料理別營養成分表		料理名稱	材料（1人份）	熱量（kcal）	蛋白質（g）	脂肪（g）	碳水化合物（g）	鈉（mg）	鈣（mg）	
魚1		醬燒鯛魚	鯛魚（切片／1片）可食部位 80g、薑絲1／2小塊的量、日本大蔥1／4根、薑片1片、醬油1／3大匙、味醂1／2大匙	152	17.4	4.6	7.2	386	21	
		照燒青魽	青魽（切片／1片）可食部位 80g、糯米椒2條、醬油・味醂各1／2大匙、酒1又1／2大匙、芝麻油1小匙	297	18.0	18.1	6.6	541	8	
肉1		醬燒牛肉	牛肉片80g、薑絲1片的量、醬油・味醂・酒各1／2大匙、砂糖1小匙	254	14.2	15.7	8.7	559	7	
		什錦炒雞	去骨雞腿肉80g、蓮藕30g、乾香菇3朵、里芋50g、紅蘿蔔30g、牛蒡15g、蒟蒻40g、豌豆莢2條、酒2大匙、高湯300ml、醬油・味醂各1大匙、芝麻油1／2大匙	412	20.6	19.2	36.4	1163	61	
		煎餃	豬絞肉80g、高麗菜1片、韭菜5根、日本大蔥（末）1大匙、太白粉1／2大匙、醬油・酒各1／2小匙、餃子皮10片、芝麻油1／2大匙	452	20.9	20.8	41.2	220	43	
		炸豬排	豬肩（里肌）肉厚切1塊80g、高麗菜2片、鹽1／6小匙、胡椒少許、麵粉・蛋・麵包粉・油炸油各適量	360	33.5	28.3	10.4	474	41	
		雞肉丸子	雞絞肉80g、蔥1根、紅蘿蔔絲1大匙、太白粉1／2大匙、鹽1／8小匙、醬油1／4大匙、酒1大匙、蜂蜜1／2大匙、芝麻油1小匙	263	16.1	15.4	14.5	645	16	
		照燒雞肉	去骨雞腿肉80g、水煮蛋1／2個、日本大蔥1／4根、薑片1片、醬油1小匙、砂糖1小匙、味醂1／2大匙	243	17.3	14.0	8.4	427	28	

鎂（mg）	鐵（mg）	維他命A（μg）	維他命D（μg）	維他命E（mg）	維他命B₁（mg）	維他命B₂（mg）	菸鹼酸（mg）	維他命B₆（mg）	維他命B₁₂（μg）	葉酸（μg）	維他命C（mg）	膽固醇（mg）	膳食纖維（g）	食鹽換算量（g）
27	0.8	0	0.6	0.4	0.13	0.15	4.0	0.25	0.2	21	17	71	1.3	1.1
32	1.3	9	0.3	0.4	0.60	0.25	4.8	0.39	0.5	17	5	59	1.7	1.8
29	2.0	37	0.4	1.0	0.34	0.24	4.2	0.30	1.0	26	5	109	0.8	2.6
17	0.4	10	0.2	0.3	0.23	0.07	2.1	0.19	0.2	58	30	28	1.3	3.6
20	0.7	3	0.1	0.2	0.41	0.12	4.0	0.21	0.4	6	1	56	0.0	1.8
22	0.9	23	0.2	0.4	0.51	0.21	3.0	0.26	0.4	12	3	55	0.3	1.4
27	1.5	74	0.1	1.0	0.10	0.16	8.0	0.62	1.2	14	12	129	0.8	1.4

料理別營養成分表		料理名稱	材料（1人份）	熱量（kcal）	蛋白質（g）	脂肪（g）	碳水化合物（g）	鈉（mg）	鈣（mg）	
肉 1		炸雞	去骨雞腿肉 80g、檸檬適量、薑泥·蒜泥各 1／4 小匙、醬油·味醂·酒各 1 小匙、胡椒少許、高筋麵粉 2 大匙、油炸油適量	269	16.1	12.6	18.8	394	19	
		燒賣	豬絞肉 80g、洋蔥 1／4 顆、薑末 1／2 大匙、太白粉 1 大匙、蛋白 1／3 個、酒 1／2 大匙、醬油 1 小匙、鹽 1／8 小匙、胡椒少許、青豆 6 粒、燒賣皮 6 片	329	18.6	14.1	27.1	720	23	
		漢堡肉排	牛豬絞肉 80g、洋蔥（末）1／2 大匙、蛋 1／4 個、麵包粉 2 大匙、鹽 1／6 小匙、肉豆蔻少許、白蘿蔔泥 2 大匙、青紫蘇葉 1 片、醬油·味醂各 1／2 大匙、沙拉油適量、芝麻油 1／2 小匙	356	17.3	25.2	10.7	1004	26.5	
		高麗捲	豬五花肉片 2 片、高麗菜（2 片）100g、義大利香芹適量、鹽 1／6 小匙、胡椒少許、水 300ml、西式高湯粉 1 又 1／2 小匙、	188	7.1	14.6	34.2	1434	34	
		焢肉（角煮）	豬五花肉 80g、酒 50ml、醬油 2／3 大匙、味醂 1 大匙、砂糖 1 小匙	435	12.6	28.3	14.8	731	6	
		薑燒豬肉	豬肩（里肌）肉片 80g、生菜適量、薑汁 1 小匙、醬油·酒各 1／2 大匙、味醂 1 大匙、芝麻油 1／2 大匙	317	14.6	21.4	9.8	559	13	
		香煎牛排	牛排用肉 150g、大蒜（切片）1／2 瓣、檸檬片（輪狀）1 片、奧勒岡香料適量、鹽 1／6 小匙、胡椒少許、白酒 1 大匙、奶油 1 大匙	611	25.3	51.7	3.3	552	16	

鎂(mg)	鐵(mg)	維他命A(μg)	維他命D(μg)	維他命E(mg)	維他命B$_1$(mg)	維他命B$_2$(mg)	菸鹼酸(mg)	維他命B$_6$(mg)	維他命B$_{12}$(μg)	葉酸(μg)	維他命C(mg)	膽固醇(mg)	膳食纖維(g)	食鹽換算量(g)
145	1.2	3	0.0	1.1	0.10	0.05	1.8	0.13	0.4	28	8	0	1.2	2.1
91					0.10	0.14	4.1	0.15	0.8	46	12	0	11.1	2.7
64	1.0	6	0.0	0.2	0.10	0.07	0.3	0.08	0.0	18	1	0	0.7	1.3
152	1.7	23	0.3	0.7	0.35	0.16	4.2	3.21	0.7	41	8	37	1.2	1.5
138	1.5	7	0.1	0.4	0.31	0.12	2.3	0.18	0.2	25	3	22	0.8	1.2
13	1.2	174	1.0	1.8	0.07	0.25	0.4	0.10	0.5	39	15	228	0.7	1.5
8	1.0	75	0.9	0.5	0.03	0.22	0.1	0.05	0.5	22	0	210	0.0	0.6
7	0.9	133	1.0	0.7	0.04	0.24	0.1	0.04	0.5	22	0	223	0.0	1.9

料理別營養成分表		料理名稱	材料（1人份）	熱量（kcal）	蛋白質（g）	脂肪（g）	碳水化合物（g）	鈉（mg）	鈣（mg）	
豆 1		炸豆腐	板豆腐 100g、糯米椒 2 條、白蘿蔔泥 2 大匙、薑泥少許、太白粉 1 大匙、高湯 100ml、淡口醬油 2 ／ 3 大匙、味醂 1 大匙、酒 1 ／ 2 大匙、油炸油適量	225	8.2	10.3	19.8	843	100	
		和風五目豆（什錦拌豆）	水煮黃豆 100g、乾香菇 1 朵、蓮藕・牛蒡・紅蘿蔔・蒟蒻各 20g、昆布（2cm 正方片）1 片、高湯 200ml、鹽 1 ／ 8 小匙、砂糖 1 ／ 2 小匙、醬油・味醂各 1 ／ 2 大匙	223	16.4	7.0	25.5	1111	140	
		香煎豆腐排	嫩豆腐 100g、鴨兒芹少許、醬油 1 ／ 2 大匙、味醂 1 大匙、麵粉 1 ／ 2 大匙、芝麻油 1 ／ 2 大匙	167	22.8	9.3	14.5	529	64	
		醬燒豬肉豆腐	板豆腐 100g、豬五花肉片 50g、日本大蔥 1 ／ 4 根、蔥花少許、高湯 100ml、酒・醬油各 1 ／ 2 大匙、味醂 1 大匙、七味辣椒粉少許	343	15.7	22.0	13.5	619	109	
		麻婆豆腐	板豆腐 100g、豬絞肉 20g、日本大蔥（末）2 大匙、麻婆豆腐醬包（市售）1 人份、芝麻油 1 大匙	299	13.6	23.6	6.5	566	98	
蛋 1		歐姆蛋	蛋 1 個、鮮奶油 1 大匙、義大利香芹適量、鹽 1 ／ 6 小匙、橄欖油 1 ／ 2 大匙、小番茄 3 顆、洋蔥（末）・橄欖油各 1 小匙、鹽・胡椒各少許	247	7.0	22.0	4.3	583	43	
		溫泉蛋	蛋 1 個、高湯醬油 1 小匙	78	6.4	5.2	0.5	242	26	
		西式炒蛋	蛋 1 個、牛奶 1 大匙、鹽 1 ／ 4 小匙、奶油 10g	160	6.7	13.8	0.9	736	44	

鎂（mg）	鐵（mg）	維他命A（μg）	維他命D（μg）	維他命E（mg）	維他命B_1（mg）	維他命B_2（mg）	菸鹼酸（mg）	維他命B_6（mg）	維他命B_{12}（μg）	葉酸（μg）	維他命C（mg）	膽固醇（mg）	膳食纖維（g）	食鹽換算量（g）
6	0.9	75	0.9	0.5	0.03	0.22	0.2	0.04	0.5	22	0	210	0.0	0.2
16	1.2	79	0.9	0.7	0.05	0.26	2.3	0.10	1.0	30	0	232	0.0	1.3
14	1.2	82	1.1	1.1	0.27	0.27	2.7	0.13	0.6	25	21	226	0.1	1.2
61	1.2	179	0.5	2.2	0.22	0.46	3.4	0.27	0.8	130	57	85	3.3	4.0
48	1.0	321	0.6	0.7	0.22	0.37	5.1	0.44	0.5	49	32	78	3.1	3.5
13	0.8	33	0.1	1.9	0.21	0.17	1.5	0.19	0.1	192	20	8	2.0	1.1
112	3.2	49	0.0	0.2	0.17	0.17	2.0	0.24	0.0	89	8	0	5.4	1.0
9	0.3	5	0.0	0.1	0.03	0.04	0.7	0.09	0.0	48	19	0	1.6	1.5

料理別營養成分表		料理名稱	材料（1人份）	熱量（kcal）	蛋白質（g）	脂肪（g）	碳水化合物（g）	鈉（mg）	鈣（mg）	
蛋 1		玉子燒（厚燒蛋捲）	蛋1個、高湯1／2大匙、味醂1小匙、砂糖1／2小匙、芝麻油1小匙	133	6.2	9.2	4.2	72	26	
		茶碗蒸	蛋1個、雞腿肉10g、水煮蝦子1尾、高湯100ml、酒1大匙、淡口醬油1小匙、水煮銀杏1顆、鴨兒芹1片	127	10.2	6.7	2.1	495	62	
		火腿蛋	蛋1個、火腿2片、西洋芹少許、橄欖油1／2大匙	210	12.8	16.7	0.8	470	32	
牛奶 2		白醬蝦仁焗烤	牛奶150ml、蝦仁30g、花椰菜3朵、蘑菇1朵、義大利通心麵30g、麵粉5g、西式高湯粉1小匙、鹽1／4小匙、胡椒少許、比薩用起司2大匙、麵包粉1小匙、奶油7g	404	21.5	17.8	38.7	1597	322	
		青醬奶油燉菜	牛奶100ml、去骨雞腿肉60g、洋蔥1／4顆、紅蘿蔔1／6條、馬鈴薯1／2顆、蘑菇2朵、麵粉5g、西式高湯粉1小匙、鹽1／4小匙、胡椒少許、奶油1／2大匙	341	16.6	17.8	29.1	1401	136	
蔬菜 3		炒培根蘆筍	綠蘆筍100g、培根1片、大蒜1／2瓣、鹽1／8小匙、胡椒少許、橄欖油1小匙	123	4.7	10.1	4.7	434	20	
		芝麻拌四季豆	四季豆100g、白芝麻醬‧白芝麻粉‧砂糖各1大匙、淡口醬油1／3大匙	206	7.0	13.2	19.0	379	337	
		甘醋漬蕪菁	蕪菁100g、砂糖1大匙、醋2大匙、鹽1／4小匙、辣椒（切圓片）少許	63	0.8	0.1	14.4	592	25	

鎂（mg）	鐵（mg）	維他命A（μg）	維他命D（μg）	維他命E（mg）	維他命B₁（mg）	維他命B₂（mg）	菸鹼酸（mg）	維他命B₆（mg）	維他命B₁₂（μg）	葉酸（μg）	維他命C（mg）	膽固醇（mg）	膳食纖維（g）	食鹽換算量（g）
30	0.8	335	0.0	6.7	0.09	0.11	1.6	0.27	0.0	46	44	8	4.1	0.5
28	0.5	330	0.0	4.9	0.08	0.10	2.0	0.23	0.1	43	43	0	3.5	0.7
25	0.5	32	0.0	0.3	0.04	0.05	0.5	0.07	0.1	30	14	0	1.8	1.7
17	0.4	41	0.0		0.04	0.04	0.3	0.13	0.0	82	41	0	2.4	0.6
71	1.2	3	0.0	0.7	0.07	0.07	0.7	0.14	0.0	76	3	0	6.2	1.4
14	2.8	261	0.0	0.9	0.10	0.13	1.0	0.14	0.0	117	40	0	2.3	0.9
26	0.5	3	0.0	1.3	0.11	0.03	0.6	0.22	0.0	55	45	0	3.8	0.4
27	0.6	0	0.0	0.6	0.09	0.04	3.2	0.19	0.6	32	6	0	2.3	1.3
53	0.4	4	0.0	0.1	0.10	0.06	4.0	0.10	1.0	46	13	0	3.3	1.6

料理別營養成分表	料理名稱	材料（1人份）	熱量（kcal）	蛋白質（g）	脂肪（g）	碳水化合物（g）	鈉（mg）	鈣（mg）	
蔬菜5	南瓜沙拉	南瓜 100g、洋蔥 1／10 顆、葡萄乾 8 粒、無糖優格 1／2 大匙、美乃滋 1 大匙、鹽・胡椒各少許	210	2.7	9.6	29.4	206	34	
	清燉南瓜	南瓜 100g、高湯 2 大匙、味醂 1 又 1／2 大匙、淡口醬油 2／3 小匙	137	2.3	0.3	28.7	260	17	
	醋拌黃瓜海帶芽	小黃瓜 100g、鹽漬海帶芽 20g、薑絲 1／2 大匙、高湯 1 大匙、醋・淡口醬油各 1／2 大匙、砂糖 1／2 小匙	31	2.0	0.2	6.3	680	38	
	涼拌捲心菜沙拉（Coleslaw）	高麗菜 100g、紅蘿蔔 5g、玉米粒 1 大匙、法式沙拉醬（市售）1 大匙、胡椒少許	98	1.6	6.6	9.4	218	44	
	日式金平炒牛蒡	牛蒡 100g、白芝麻粒 1 小匙、辣椒（切圓片）少許、砂糖 1 小匙、酒・醬油各 1／2 大匙、芝麻油 1／2 大匙	165	3.1	7.8	20.4	532	85	
	清炒小松菜	小松菜 100g、日本大蔥 10g、薑 5g、雞湯粉 1／4 小匙、酒 1／2 大匙、芡汁（太白粉 1 小匙＋水 2 小匙）、芝麻油 2 小匙	115	1.8	8.2	7.2	362	175	
	檸檬蜜番薯	番薯 100g、檸檬（薄切）2 片、砂糖 1／2 大匙、鹽少許	168	1.1	0.6	40.1	141	53	
	清燉小里芋	日本里芋 100g、高湯 150ml、淡口醬油 1 小匙、鹽少許、味醂 1 大匙	109	2.6	0.3	21.3	526	15	
	白蘿蔔關東煮	白蘿蔔 100g、昆布（3×10cm）2 片、高湯 250ml、酒・味醂各 1 大匙、淡口醬油 1 小匙	97	2.6	0.5	16.5	611	77	

鎂（mg）	鐵（mg）	維他命A（μg）	維他命D（μg）	維他命E（mg）	維他命B₁（mg）	維他命B₂（mg）	菸鹼酸（mg）	維他命B₆（mg）	維他命B₁₂（μg）	葉酸（μg）	維他命C（mg）	膽固醇（mg）	膳食纖維（g）	食鹽換算量（g）
21	0.8	46	0.2	1.0	0.08	0.06	3.0	0.14	1.3	26	16	12	1.3	1.2
31	0.5	16	0.0	2.3	0.08	0.09	2.1	0.11	0.4	39	4	1	2.9	0.9
27	1.7	365	0.9	3.0	0.09	0.35	0.7	0.21	0.5	123	19	210	2.7	1.6
19	0.4	751	0.0	0.5	0.10	0.14	2.5	0.19	0.3	26	6	13	2.8	0.9
15	0.5	721	0.0	0.9	0.09	0.06	0.9	0.14	0.0	25	14	0	3.3	0.9
47	1.6	71	0.0	4.8	0.17	0.24	1.8	0.33	0.4	234	121	71	4.4	1.6
73	2.1	413	0.2	2.4	0.18	0.22	1.1	0.21	0.1	212	40	33	3.0	1.3
74	2.3	351	0.1	2.1	0.12	0.22	1.9	0.16	0.7	213	35	6	2.8	0.6
24	0.7	15	0.2	1.6	0.11	0.07	1.4	0.19	0.1	28	35	42	1.6	1.1

料理別營養成分表	料理名稱	材料（1人份）	熱量（kcal）	蛋白質（g）	脂肪（g）	碳水化合物（g）	鈉（mg）	鈣（mg）
蔬菜5	番茄洋蔥沙拉	番茄 100g、洋蔥 1／10 顆、柴魚片 2 大匙、無油和風沙拉醬（市售）1 大匙	58	5.9	0.3	8.5	467	14
	和風涼拌茄子	茄子 100g、茗荷 1 粒、高湯 100～150ml、淡口醬油·味醂各 1 小匙、辣椒 1 條、油炸油適量	177	2.3	14.3	9.1	362	27
	韭菜炒蛋	韭菜 100g、蛋 1 個、雞湯粉 1／4 小匙、味醂 1 大匙、淡口醬油 1／3 大匙、胡椒少許、芝麻油 1 大匙	256	8.3	17.5	12.9	623	76
	西式燉紅蘿蔔	紅蘿蔔 100g、西式高湯 150ml、胡椒少許、奶油 1／2 大匙	93	2.7	5.1	9.9	343	37
	紅蘿蔔沙拉	紅蘿蔔 100g、葡萄乾 12 粒、鹽 1／8 小匙、胡椒少許、檸檬汁 1 又 1／2 大匙、橄欖油 1／2 大匙	134	1.1	6.2	20.4	341	37
	鮮蝦花椰菜沙拉	花椰菜 100g、蝦子 5 尾、美乃滋 1 大匙、芥末籽醬 1 小匙、醬油 1／3 大匙	163	12.4	10.5	6.9	619	69
	培根炒菠菜	菠菜 100g、培根 1 片、大蒜 1／2 瓣、鹽 1／8 小匙、胡椒少許、奶油 1 大匙、、	173	4.4	16.0	3.9	538	52
	和風涼拌菠菜	菠菜 100g、柴魚片·沾麵醬（市售）各 1 大匙	37	4.8	0.5	4.4	225	52
	炸洋芋片	馬鈴薯 100g、麵粉·蛋·麵包粉·油炸油各適量、鹽 1／6 小匙、胡椒少許	226	20.5	13.7	24.3	428	11

鎂（mg）	鐵（mg）	維他命A（μg）	維他命D（μg）	維他命E（mg）	維他命B₁（mg）	維他命B₂（mg）	菸鹼酸（mg）	維他命B₆（mg）	維他命B₁₂（μg）	葉酸（μg）	維他命C（mg）	膽固醇（mg）	膳食纖維（g）	食鹽換算量（g）
19	0.5	0	0.0	0.1	0.05	0.06	0.5	0.09	0.0	47	8	0	1.8	1.0
28	0.5	80	0.1	1.9	0.23	0.09	2.7	0.26	0.1	28	50	17	1.8	1.5
43	0.9	1	0.0	0.2	0.08	0.06	2.4	0.09	0.6	26	3	0	1.1	1.2
10	0.2	73	0.0	0.0	0.09	0.04	0.6	0.12	0.1	23	20	4	1.2	1.1
15	0.4	12	0.0	0.1	0.02	0.01	0.1	0.02	0.0	15	1	0	1.9	2.5
99	2.8	236	0.5	0.9	0.31	0.24	9.6	0.51	0.9	69	5	45	6.2	1.9
52	2.1	32	0.1	0.6	0.34	0.14	3.9	0.21	0.3	15	5	21	2.5	0.8
24	0.7	38	0.2	0.6	0.18	0.07	2.3	0.08	0.1	32	14	21	2.1	1.6

料理別營養成分表		料理名稱	材料（1人份）	熱量（kcal）	蛋白質（g）	脂肪（g）	碳水化合物（g）	鈉（mg）	鈣（mg）
蔬菜 5		韓式涼拌豆芽	豆芽菜 100g、蒜泥 1／4 小匙、鹽 1／6 小匙、白芝麻粉 1 小匙、芝麻油 1／2 小匙	52	2.4	3.7	3.6	392	46
		馬鈴薯沙拉	馬鈴薯 100g、紅蘿蔔 10g、洋蔥・小黃瓜各 5g、火腿 1 片、無糖優格・美乃滋各 1 大匙、鹽 1／6 小匙、胡椒少許、檸檬汁 1 小匙	217	6.0	21.4	21.2	607	30
湯		豆腐味噌湯	嫩豆腐 1／6 塊、日本大蔥 20g、高湯 150ml、味噌比 1／2 大匙略少	57	4.7	2.2	4.7	478	48
		法式蔬菜湯	高麗菜 1／2 片、洋蔥 1／8 顆、紅蘿蔔 10g、馬鈴薯 20g、培根 1／2 片、水 200ml、西式高湯粉 1 小匙、胡椒少許	65	1.9	12.0	7.9	404	17
		海帶芽湯	海帶芽（已泡發）50g、日本大蔥（切斜片）5 片、水 200ml、雞湯粉 1 小匙、胡椒・白芝麻粒各少許	23	1.5	0.7	4.5	963	37
飯麵		什錦炊飯（材料・營養成分均為 2 人份）	米 1 米杯（180ml）、去骨雞腿肉 50g、紅蘿蔔・牛蒡各 30g、鴻禧菇各 1／4 包、蒟蒻・油豆腐皮各 1／4 塊、高湯 180ml、醬油 2／3 大匙、味醂 1／2 大匙	853	24.5	12.7	155.1	773	91
		義大利肉醬麵	義大利肉醬（市售）1 人份、牛豬絞肉 30g、洋蔥（末）2 大匙、義大利麵條 80g、西洋芹少許、橄欖油 1 小匙	474	17.2	13.5	77.0	316	30
		三明治	土司（10 片切）2 片、火腿（里肌）1 片、小黃瓜 1／4 條、奶油 1／2 大匙	299	11.0	11.2	38.4	645	33

廚房裡的備料＆料理技巧全事典

照著配方煮，還是煮不出好味道？
OK＆NG對照分析，1100張實際照片超圖解，搞懂關鍵步驟，料理零失敗！

監　　修	松本仲子
譯　　者	林奕孜
責任編輯	莊雅雯
封面設計	麥惠雯
內頁排版	詹淑娟
行銷企劃	何彥伶、林欣芃

發 行 人	許彩雪
出　　版	常常生活文創股份有限公司
E - m a i l	goodfood@taster.com.tw
地　　址	台北市106大安區建國南路1段304巷29號1樓
電　　話	02-2325-2332
傳　　真	02-2325-2252
總 經 銷	大和書報圖書股份有限公司
電　　話	02-8990-2588
傳　　真	02-2290-1628

印刷製版	凱林彩印股份有限公司
定　　價	新台幣399元
初版 1 刷	2017年5月
初版 5 刷	2021年6月

I S B N　978-986-94411-2-4

MOTTO OISHIKU, RYOURI NO UDE GA AGARU! SHITAGOSHIRAE TO CHOURI TEKU
Copyright ©2016 NAKAKO MATSUMOTO
Originally published in Japan in 2016 by Asahi Shimbun Publications Inc.
Traditional Chinese translation copyright © 201x by Taster Cultural & Creative Co., Ltd.
All rights reserved.
No part of this book may be reproduced in any form without the written permission of the publisher.
Traditional Chinese translation rights arranged with Asahi Shimbun Publications Inc., Tokyo
through AMANN CO., LTD., Taipei.

國家圖書館出版品預行編目 (CIP) 資料

廚房裡的備料＆料理技巧全事典　松本仲子監修；
陳奕孜譯 . - 初版 . - 臺北市：常常生活文創, 2017.05
256 面；14.8×21 公分
ISBN 978-986-94411-2-4(平裝)

1. 料理基礎　2. 食譜　3. 美味科學

427.1　　　　　　　　　　　　　　106003328